実践 通信ネットワークの信頼性評価技術
―― 基礎からRを用いたプログラミングまで ――

Reliability Evaluation Techniques for
Telecommunication Networks Using R

船越裕介　著

社団法人 電子情報通信学会編

はじめに

　通信ネットワークは，社会基盤として日常生活に不可欠な要素であり，その信頼性の確保は，通信サービス提供者にとって重要課題である．
　では，通信ネットワークの信頼性をどのように測ればよいのだろうか？筆者は，これまでこの問題に取り組んできたが，通信ネットワークは配備される装置の台数や収容するユーザの数が常に変動しているため，一般的な信頼性工学の参考書に書かれている方法で，適切な分析ができるとは限らない．つまり，この信頼性を適切に評価する方法が確立されていないため，多くの場合は既存の信頼性工学の方法に基づいた近似値の計算で対処せざるを得ない．しかし，限られた投資の中で適切な改善を行うためには，通信ネットワークの信頼性をできるだけ正確に評価する必要がある．
　本書では，フリーの統計解析環境 R を用い，通信ネットワークの信頼性評価を行う方法を解説する．評価尺度は従来の信頼性工学と合わせているが，実用性を重視し，装置台数やユーザ数の変動にも対応できる拡張を施した．従って，本書での方法は，通信以外の社会基盤サービスの信頼性評価にも応用できるものと考える．本書は大きく四つの部分から構成される．第 1 章で信頼性工学を概観し，第 2 章で R を用いた信頼性評価の基礎技術を説明する．第 3 章では通信ネットワークの信頼性評価の方法を解説する．第 4 章ではこれまで述べた技術の応用として，評価結果を現状の通信ネットワークの信頼性を管理する，あるいは次期ネットワークにその結果をフィードバックする方法を述べる．理論と実践の兼ね合いにも配慮し，方法の説明だ

けに留まらず，Rを用いた具体的な分析にも言及している．

読み進める上での注意点を四つ述べる．

1. 本書は通信ネットワークの信頼性全体を知りたいという読者を対象とする．そのため，信頼性工学について第1章で概説しているが，信頼性工学は統計学の応用分野であることから，大学における一般教養レベルの統計学の知識を有することが望ましい．
2. 本書はRの入門書ではない．インストールやアップデートなど，最低限の記述は付録に記したが，初級レベルの操作方法は習得していることを仮定する．これらの解説を加えなかったのは，本書の分量が膨大になることと，素晴らしい入門書が既に出版されているためである．事前学習はそちらで実施頂くことをお願いしたい．
3. 対象とする通信ネットワークはマスユーザ向けサービスであることを仮定する．これは，ビジネスユーザ向けサービスでも，基本的にはマスユーザ向けサービスと同じ対策が前提として必要であり，その上でサービススペックに応じた各種対策を講じるためである．
4. 掲載したRコードはサンプルであり無保証である．本書のRコードを用いて実際の信頼性評価を行った際に発生した全ての問題に対し，筆者はその責任を負わない．また，掲載した分析例において，守秘の観点からグラフの軸の数値を一部非表示とした．御了承頂きたい．

本書は，筆者のこれまでの研究結果が基になっている．研究を進めるに際しては，非常に多くの方々の協力を頂いた．紙面の都合上，一人一人のお名前を挙げることはできないが，皆様に心から御礼申し上げる．

目　次

第1章　信頼性工学
1.1　信頼性の概念 …………………………………………………… 1
1.2　統計学の基礎 …………………………………………………… 2
　1.2.1　用語の定義 …………………………………………………… 2
　1.2.2　基本概念 ……………………………………………………… 3
1.3　信頼性特性値 …………………………………………………… 5
　1.3.1　信頼度と故障率 ……………………………………………… 5
　　1.3.1.1　信頼度の定義 …………………………………………… 6
　　1.3.1.2　故障率の定義 …………………………………………… 7
　1.3.2　保全度と修復率 ……………………………………………… 11
　　1.3.2.1　保全度の定義 …………………………………………… 11
　　1.3.2.2　修復率の定義 …………………………………………… 12
　1.3.3　アベイラビリティ …………………………………………… 13
1.4　様々な確率分布 ………………………………………………… 15
　1.4.1　離散型分布 …………………………………………………… 15
　　1.4.1.1　二項分布 ………………………………………………… 15
　　1.4.1.2　ポアソン分布 …………………………………………… 19
　1.4.2　連続型分布 …………………………………………………… 20
　　1.4.2.1　指数分布 ………………………………………………… 20
　　1.4.2.2　正規分布 ………………………………………………… 23

		1.4.2.3	対数正規分布 ………………………………………	26
		1.4.2.4	ワイブル分布 ………………………………………	28

1.5 インタラクティブなグラフの作成 ………………………………… 30
  1.5.1 tcltk ライブラリを用いたGUI ……………………………… 30
  1.5.2 rpanel ライブラリを用いたGUI …………………………… 35
1.6 補足 ……………………………………………………………… 38
  1.6.1 故障率の計算 ………………………………………………… 38
  1.6.2 平均の妥当性 ………………………………………………… 39
  1.6.3 Rでの上側確率の計算 ……………………………………… 41
  1.6.4 MTBFの扱い方 ……………………………………………… 42
    1.6.4.1 MTBFと指数分布の関係 …………………………… 42
    1.6.4.2 MTBFと故障件数の関係 …………………………… 42

第2章 信頼性評価の基礎技術

2.1 Excelを経由したデータの操作 …………………………………… 45
  2.1.1 Excelファイルの読込み …………………………………… 45
  2.1.2 日付型データの操作 ………………………………………… 50
2.2 分布の推定 ……………………………………………………… 56
  2.2.1 最尤法 ………………………………………………………… 56
  2.2.2 カーネル密度推定 …………………………………………… 58
  2.2.3 Rでの実装と分析例 ………………………………………… 59
  2.2.4 混合分布の計算 ……………………………………………… 63
2.3 回帰分析とその応用 …………………………………………… 67
  2.3.1 線形回帰分析 ………………………………………………… 67
  2.3.2 非線形回帰分析 ……………………………………………… 70
  2.3.3 関数の微分 …………………………………………………… 77

第3章 通信ネットワークの信頼性評価

3.1 データの準備 …………………………………………………… 82
3.2 故障率の計算 …………………………………………………… 84

3.2.1		装置数の増減に対応した故障率の推定	84
	3.2.1.1	パラメトリックな方法	85
	3.2.1.2	ノンパラメトリックな方法	88
3.2.2		分析例	89
3.3		修復時間分布（短期間）の評価	92
3.3.1		分布の推定	92
3.3.2		保全度と修復率の計算	96
3.4		修復時間分布（長期間）の評価	99
3.4.1		データの準備	99
3.4.2		分析結果の表示	101
3.5		規模別不稼働率の計算	105
3.5.1		手順の概要	105
3.5.2		R での分析例	107

第4章　通信ネットワークの信頼性管理

4.1		通信ネットワークの信頼性設計	111
4.2		故障による社会的影響の定量化	115
4.2.1		手順の概要	115
4.2.2		R での分析例	117
4.3		信頼性管理基準の導出	124
4.3.1		手順の概要	124
4.3.2		R での分析例	126
4.4		不稼働率のシミュレーション	131
4.4.1		手順の概要	131
4.4.2		R での分析例	134
	4.4.2.1	実故障データを用いた分析結果の再現	134
	4.4.2.2	装置更改のシミュレーション	137

付録A　R のインストール …………………………………………… 147

付録B　Rのアンインストールとアップグレード ……………… 155
- B.1　Rのアンインストール　……………………………… 155
- B.2　Rのアップグレード　………………………………… 156

付録C　ヘルプの使い方 ………………………………………… 158

付録D　Rコードのファイル保存 ……………………………… 165

参考文献・URL …………………………………………………… 169

Rコマンド索引 …………………………………………………… 172

用語索引 …………………………………………………………… 178

本書におけるR関連の注意事項

　本書で用いたRはバージョン 2.12.0・Windows 版である．掲載したRコードは，他のオペレーティングシステム上で同じように動作しないことがある．特にExcelファイルの読込みでこの問題が発生する．インストールと基本的な設定については付録A，アンインストールとアップグレードの方法は付録Bにまとめた．また，Rのヘルプの利用方法も付録Cに記したので参考にして頂きたい．

　次に，本書ではRコード類の表記をグレーの網掛けとしている．これは

- ・Rコンソールに対する入力
- ・別ファイルに保存したスクリプト

の2種類に分かれている．

　網掛け表示部分の行頭が記号>で始まる場合は，Rコンソールから入力することを想定している．記号>は入力待ちの状態を表すプロンプトと呼ばれ，ユーザが入力する必要はない．記号>の代わりに，+で行頭が始まるものは，前の行からの入力の途中を表しており，これも入力の必要はない．行頭が>と+以外から始まるものは，Rからの出力を表す．一方，イタリック体の数字で行頭に行番号を振ってあるものは，Rコードを別ファイルに保存したもの（付録D参照）であることを仮定している．また，#以降の行末までを，Rはコメントとみなす．

　Windowsのパス区切りはバックスラッシュ（\）あるいは円（¥）記号だが，Rはこれを特殊文字として扱う．もしRの中でWindowsのパスを入力する場合は，バックスラッシュを二つ重ねる必要がある．Rではパスの区切りとしてスラッシュ（/）も使えるため，本書ではこれを用いる．

第1章

信頼性工学

1.1 信頼性の概念

　日常の生活や仕事において，我々は様々な道具を用いている．しかし，形あるものがいつか壊れることは避けられない．このような事象を扱う話題は定性的に**信頼性**と呼ばれる．信頼性を定量的に扱う学術領域を**信頼性工学**という．

　信頼性工学で用いる用語は，日本工業規格 JIS Z8115 [1] で定義されている．信頼性は，アイテムが与えられた条件の下で，与えられた期間，要求機能を遂行できる能力と定義されている．ここでアイテムとは，信頼性の対象となる部品，構成品，デバイス，装置，機能ユニット，機器，サブシステム，システムなどの総称またはいずれかであり，議論の対象を何にするかで変わり得る．また，アイテムはハードウェア，ソフトウェア，あるいはその両方から構成され，特別な場合には人間も含まれる．通信ネットワークの信頼性を評価する際に，アイテムは装置や部品と読み替える．

　信頼性工学は信頼性を定量的に扱うが，その基礎となるのは壊れにくさを表す**信頼度**と，直しやすさを表す**保全度**という確率である．アイテムは必ず決まった時間，状態で壊れたり直したりするものではなく，偶然に左右される要因も含まれる．そのため，統計学の枠組みが適している．

　ここでは壊れるという表現を用いたが，信頼性工学では**故障**といい，アイテムが要求機能達成能力を失うことと定義されている．これに関して**フォー**

ルトという用語もある．アイテムが能力を失うこと（出来事）を故障といい，失った状態をフォールトという．その意味で，フォールトは必ず故障の後に起こる．

　直すという表現も，厳密には**修理**といい，規定の要求仕様を満足しなくなったアイテムを再び使えるようにする行為と定義される．また，**修復**はフォールト状態の後，アイテムが要求機能を遂行する能力を取り戻すことと定義される．修理と修復の違いは，故障とフォールトの違いと同じであり，修理は出来事に，修復は状態に対応するが，本書では修理と修復に対する厳密な使い分けは行っていない．なお，定期的な点検などを通じて故障を未然に防止することも重要であり，これらの行為を総称して**保全**という．正確には，アイテムを使用及び運用可能状態に維持する，または故障，欠点などを回復するための全ての処置及び活動と定義される．

　我々が日常的に使う道具は，故障したときに修理して使うアイテム（**修理系**という）と，修理しないアイテム（**非修理系**という）に分けられる．通信ネットワークは故障したら修理してサービス提供を継続するため，修理系システムである．

　ここまで，与えられた条件，与えられた期間，要求機能という評価基準を天下り的に用いてきた．しかし，これらは評価の対象となるアイテムによって変わるため，事前に明確化しなければならない．通信ネットワークの場合は次のようになる．

与えられた条件： サービス提供条件や装置の配備される環境，使用条件
与えられた期間： 24 時間常にユーザにサービスを提供すること，または，分析の対象となる，ある特定の期間
要求機能： 約款に基づいたサービスを提供できること，あるいはその状態

1.2　統計学の基礎

1.2.1　用語の定義

　信頼性工学の基礎となる，統計学の基本的な定義について説明する．本節

での用語は，以後の説明において頻出する重要なものである．

確率とは，ある現象が起こる度合い（確かさ）を区間 $[0, 1]$ 内の値で数量化したものである．**試行**は，同じ条件下で繰り返すことのできる実験，観察，測定などの作業である．**事象**は，試行の結果起こる事柄であり，確率の定義における現象と同じ意味である．それぞれの事象が発生する確率が他の事象に影響されない状態を**独立**であるといい，そのような事象を**独立事象**という．また，一連の独立した試行を**独立試行**という．

確率変数とは，試行の結果によってその値を取る確率が定まる変数であり，確率変数と，その値を取る確率との対応関係を示したものが**確率分布**である．確率変数が，時間，重さ，長さ，距離などのように，ある範囲の全ての実数値を取る場合，**連続型変数**といい，そのような変数の分布を**連続型分布**という．一方，確率変数が，件数，回数，個数などのように飛び飛びの値になる場合を**離散型変数**といい，そのような変数の確率分布を**離散型分布**という．確率変数の取り得る値全体を**母集団**といい，試行から（母集団から）実際に得られた値を**標本**，あるいは**サンプル**という．母集団から標本を取り出すことを**抽出**という．

1.2.2 基本概念

例えば，定義域が全ての実数である連続型の確率変数 X において，ある実数 x を取り，$X \leq x$ である確率を $P(X \leq x)$ で表すとする．このとき，X の分布曲線 $f(X)$ が存在し，

1. $f(X) \geq 0$
2. $P(X \leq x) = \int_{-\infty}^{x} f(X)\,dX$

が成り立つとき，$f(X)$ を X の**確率密度関数**という．また，$P(X \leq x) = F(x)$ と書けるとき，$F(x)$ を X の**確率分布関数**，あるいは**累積分布関数**という．この場合の X には次の関係がある．

$$\int_{-\infty}^{\infty} f(X)\,dX = 1 \tag{1.1}$$

$$\lim_{X \to -\infty} F(X) = 0 \tag{1.2}$$

$$\lim_{X \to \infty} F(X) = 1 \tag{1.3}$$

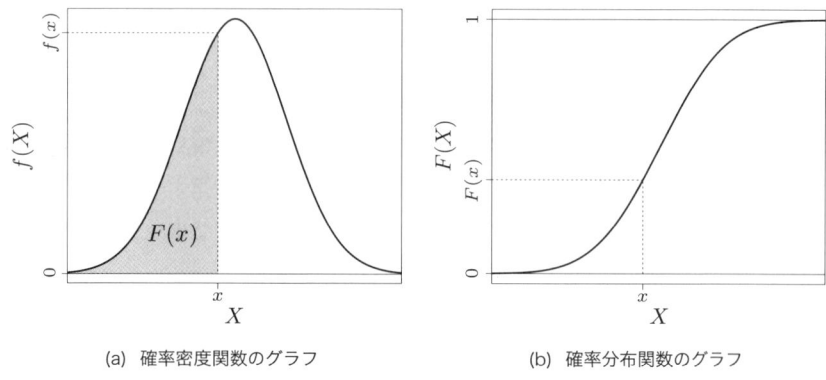

(a) 確率密度関数のグラフ　　(b) 確率分布関数のグラフ

図 1.1 確率密度関数と確率分布関数のグラフ

$F(x)$ は $-\infty$ から x までの**積分**となり，**下側確率**とも呼ばれる．これに対し，$1-F(x)$ は x から ∞ の積分となるため，**上側確率**とも呼ばれる．離散型分布の場合，確率密度関数に相当するものを**確率質量関数**または**確率関数**という．

例えば，ある分布の確率密度関数 $f(X)$ が図 1.1(a) の曲線のように表されたとする．区間 $(-\infty, x]$ における $f(X)$ の面積（灰色に塗られた部分）が $F(x)$ になる．このときの $F(X)$ のグラフを図 1.1(b) に示す．

次に平均と分散について述べる．**平均**とは，確率変数と確率の積の総和であると定義される．**分散**は，確率変数の散らばりの度合いを表す数値である．具体的には平均からのばらつき（**偏差**）の平方和を標本数で割ったものを**標本分散**，標本数 -1 で割ったものを**不偏分散**という．不偏分散は，計算した値と母集団分布の分散（母分散という）を一致させるための補正を行ったものであり，統計学ではこちらを用いることが多い．標準分散，あるいは不偏分散の正の平方根を**標準偏差**という．以後の説明では分散として不偏分散を用いる．

表 1.1 サイコロの事象と確率

確率変数 x_i	1	2	3	4	5	6
確率 p_i	$\frac{1}{6}$	$\frac{1}{6}$	$\frac{1}{6}$	$\frac{1}{6}$	$\frac{1}{6}$	$\frac{1}{6}$

サイコロを例に説明する．この場合は離散型分布なので，確率変数 x_i ($i=1,\ldots,6$) はサイコロの目に相当し，それぞれの確率変数に対応する確率（確率関数）p_i ($i=1,\ldots,6$) は全て $\frac{1}{6}$ である．平均 μ は

$$\mu = \sum_{i=1}^{6} x_i p_i = 3.5 \tag{1.4}$$

となる．これを**標本平均**と呼ぶこともある．確率変数 x_i の偏差は $x_i - \mu$ なので，分散 σ^2 は

$$\sigma^2 = \sum_{i=1}^{6} \frac{(x_i - \mu)^2}{6-1} = 3.5 \tag{1.5}$$

となる．これらはフリーの統計解析環境 R[2] の関数 `mean()` と `var()` を用いると容易に計算できる．`var()` はデフォルトで不偏分散を計算する．

```
> mean(1:6)    ## sum((1:6) * 1 / 6) と同じ
[1] 3.5
> var(1:6)     ## sum((1:6 - mean(1:6)) ^ 2) / (6 - 1) と同じ
[1] 3.5
```

`:` は数列を生成する．例えば `1:5` は数列 $1, 2, \ldots, 5$ となる．

本節冒頭で述べた連続型分布の場合，平均と分散は次のように定義される．

$$\mu = \int_{-\infty}^{\infty} x f(x)\, dx \tag{1.6}$$

$$\sigma^2 = \int_{-\infty}^{\infty} (x-\mu)^2 f(x) dx. \tag{1.7}$$

なお，統計学では，平均や分散，試行回数など，一般にパラメータと呼ばれる変数を**母数**と呼ぶ．また，平均は一次の**モーメント**あるいは**期待値**，分散は平均周りの二次のモーメントともいわれる．

1.3 信頼性特性値

1.3.1 信頼度と故障率

本節では信頼度と故障率について述べる．端的にいうと，これらの尺度は

故障寿命(アイテムが運用を開始してから故障を起こすまでの時間)を確率変数とし,その分布を説明するものである.また,本章冒頭で述べた壊れにくさという概念を定量化する尺度でもある.

1.3.1.1 信頼度の定義

以後の説明では **1.2.2** 節で定義した記号を用いるが,確率変数として時間を用いるため,定義域が $(-\infty, \infty)$ ではなく $[0, \infty)$ となることを注意する.

信頼度は,アイテムが与えられた条件の下で,与えられた時間間隔に対して,要求機能を実行できる確率と定義されている.

ここでは評価するアイテムが非修理系であり,確率変数 t が連続型として説明を行う.信頼性工学では,故障寿命の確率分布関数は時刻 t に対する故障の累積確率とみなすことができる.なぜなら,運用開始直後は故障が発生してない ($F(0) = 0$) が,時間の経過に伴い,最終的には全アイテムが故障する ($F(\infty) = 1$) ためである.また,一度故障したものが修理されることはないので,$F(t)$ は t に対する非減少関数となる.$F(t)$ を**不信頼度関数**という.$F(t)$ は,運用開始 ($t = 0$) から時刻 t までに故障したアイテムの,運用開始時点での総アイテム数に対する割合を表す.t の確率密度関数を $f(t)$ とすると,$F(t)$ は次のように表される.

$$F(t) = \int_0^t f(t)\,dt \tag{1.8}$$

$F(t)$ はアイテムの運用開始 ($t = 0$) から時刻 t までに故障したアイテムの,運用開始時点での総アイテム数に対する割合を示しており,

$$R(t) = 1 - F(t) = 1 - \int_0^t f(t)\,dt = \int_t^\infty f(t)\,dt \tag{1.9}$$

なる関数 $R(t)$ を**信頼度関数**と定義する.$R(t)$ は $R(0) = 1$ かつ $R(\infty) = 0$ であり,t に対する非増加関数となる.$R(t)$ は,運用開始から時刻 t までに残存するアイテムの,運用開始時点での総アイテム数に対する割合を表す.

図 1.1 にこれらの関係を対応させたものを **図 1.2** に示す.$R(t)$ は **図 1.2**(a) の白い部分の面積に対応し,そのグラフは **図 1.2**(b) の破線で表される.

信頼性特性値

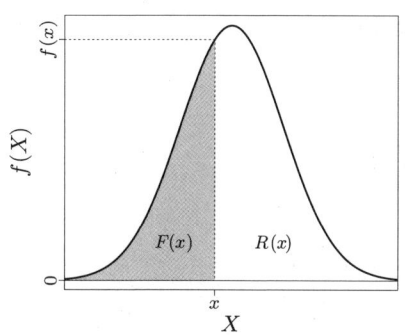
(a) 信頼度関数と不信頼度関数のグラフ (その1)

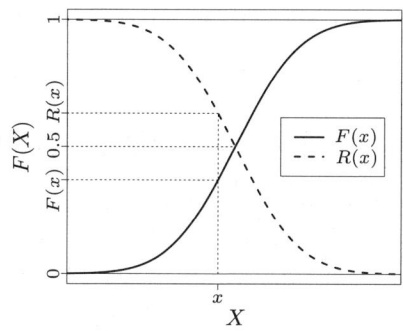
(b) 信頼度関数と不信頼度関数のグラフ (その2)

図 1.2 信頼度関数と不信頼度関数のグラフ

非修理系で離散型の場合，$[t,\ t+\Delta t]$ の間に発生した故障件数を $n(t)$，時刻 t における残存アイテム数を $N(t)$，$t=0$ でのアイテム数を N とすると，$F(t)$，$R(t)$，$f(t)$ は次のようになる．

$$F(t) = \frac{N - N(t)}{N} \tag{1.10}$$

$$R(t) = \frac{N(t)}{N} \tag{1.11}$$

$$f(t) = \frac{dF(t)}{dt} = \frac{F(t + \Delta t) - F(t)}{\Delta t} = \frac{n(t)}{N \Delta t} \tag{1.12}$$

1.3.1.2 故障率の定義

故障率は，当該時点でアイテムが可動状態にあるという条件を満たすアイテムの，当該時点での単位時間当りの故障発生率と定義されている．つまり，時刻 t の時点までに故障していなかったアイテムが，引き続く微少な期間 $[t,\ t+\Delta t]$ の間に故障するという条件付き確率であり，単位時間内の総故障件数を総動作時間（単位時間と可動アイテム数の積）で割ったものとなる．まず，非修理系の離散型を想定し，前節と同じ記号を用いると，故障率は式 (1.13) で表される．この $h(t)$ は**故障率関数**（または**ハザードレート関数**）ともいわれる．

$$h(t) = \frac{n(t)}{N(t) \Delta t} \tag{1.13}$$

式 (1.11), (1.12), (1.13) から, $h(t)$ は次の式でも表される.

$$h(t) = \frac{f(t)}{R(t)} \tag{1.14}$$

本式は非修理系の連続型変数にも適用可能である.

式 (1.9) と (1.12) から

$$f(x) = \frac{dF(t)}{dt} = -\frac{dR(t)}{dt} \tag{1.15}$$

であり, これを式 (1.14) に代入すると

$$h(t) = \frac{1}{R(t)} \frac{-dR(t)}{dt} = -\frac{d \ln R(t)}{dt} \tag{1.16}$$

上式を, 境界条件 $R(0) = 0$ を用いて解くと次式を得る.

$$R(t) = \exp \left\{ -\int_0^t h(x)\, dx \right\} \tag{1.17}$$

故障率関数は, $h(t)$ の代わりに $\lambda(t)$ と表示することもある. 本書では, 文献 [1] の記述に合わせて, 以降の説明では $\lambda(t)$ を主に用いる. 故障率には**瞬間故障率** $\lambda(t)$ と**平均故障率** $\bar{\lambda}(t_1, t_2)$ の 2 種類あり, 瞬間故障率は式 (1.13) で $\Delta t \to 0$ の極限として定義される.

$$\lambda(t) = \lim_{\Delta t \to 0} h(t) \tag{1.18}$$

一般な故障率は瞬間故障率を指す場合が多いが, 極値が常に計算できるとは限らず, 実用上は期間 $[t, t+\Delta t]$ の範囲を十分広い期間 $[t_1, t_2]$ とした平均故障率が用いられる. 式 (1.13) で考えると, 分子の $n(t)$ には $[t_1, t_2]$ の間に発生した故障件数, 分母の $N(t)$ には時刻 t_1 での残存アイテム数, Δt には $t_2 - t_1$ が入る. なお, $\lambda(t)$ と $\bar{\lambda}(t_1, t_2)$ には次の関係がある.

$$\bar{\lambda}(t_1, t_2) = \frac{1}{t_2 - t_1} \int_{t_1}^{t_2} \lambda(t) dt \tag{1.19}$$

加えて，平均故障率は次の式でも計算できる．

$$\text{平均故障率} = \frac{\text{期間中の総故障件数}}{\text{期間中の総動作時間}} \tag{1.20}$$

　修理系の場合，再生理論 [3] を用いることで信頼度と故障率を計算することは原理的には可能である．しかし，**畳込み積分**[*1] を要するため，分布の形状やアイテムの要件が限られた場合しか解が得られないという課題があるため，ここではこれ以上言及しない．

　$f(t)$ を用いたい幾つかの平均時間について説明する．非修理系アイテムの故障寿命の平均を**平均故障寿命** (Mean time to failure: **MTTF**) という．また，修理系アイテムで，連続した 2 件の故障間の動作時間を**故障間動作時間**といい，その平均を**平均故障間動作時間** (Mean operating time between failures: **MTBF**) という．例えば連続型分布の場合，故障間動作時間を t とすると MTBF は式 (1.6), (1.9) から次のようになる．

$$\text{MTBF} = \int_0^\infty t\, f(t)\, dt = \int_0^\infty R(t)\, dt \tag{1.21}$$

MTTF も式 (1.21) の形は同じだが，変数として故障間動作時間の代わりに故障寿命を用いる点が異なる．

　故障寿命はアイテムに依存し，長いものでは数千時間以上の場合もある．したがって，**寿命試験**（ある規定条件の下でのアイテムの寿命に関する試験）などでは**中途打切り方式**の試験を行うことが一般的である．打切り方法には，試験開始後一定時間で試験を終了する**定時打切り**と，故障が一定個数になった時点で試験を終了する**定数打切り**の 2 種類がある．

　最後に**バスタブ曲線**について説明する．一般に，非修理系アイテムは運用開始時期に初期不良などが発生するため故障率が高く，時間の経過と共に故障率が安定する傾向にある．更に進むと，今度は疲労，磨耗，老化などで故障率が上昇するといわれる．これらの期間のことをそれぞれ順に**初期故障期間**（アイテムの運用初期において，与えられた時点での修理系アイテムの**故**

[*1] ある関数を平行移動しながら別の関数を重ね合わせる演算

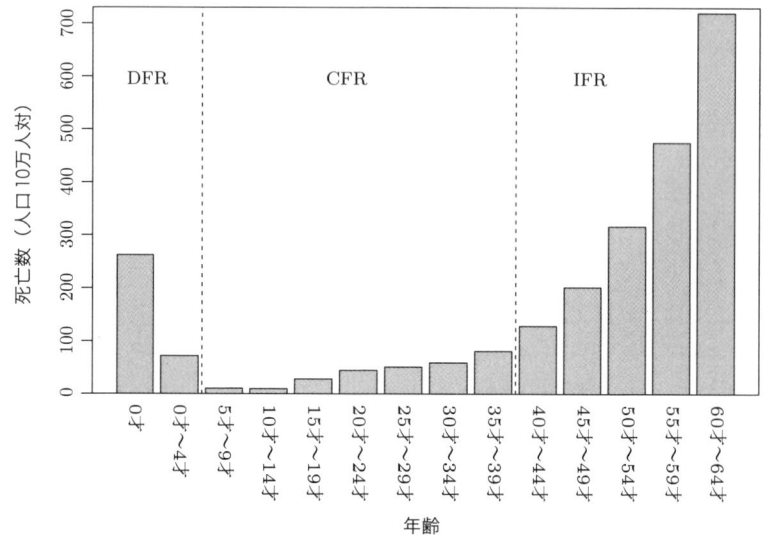

図 1.3 年齢階層別の死亡率

障強度 *2，または非修理系アイテムの故障率が後に続く期間の値よりも著しく高い期間)，**偶発故障期間**（修理系アイテムの運用期間中，故障強度がほぼ一定である期間，または非修理系アイテムの運用期間中，故障率がほぼ一定である期間)，**磨耗故障期間**（アイテムの運用後期で，修理系アイテムの故障強度，または非修理系アイテムの故障率が，直前の期間の値よりも著しく高い期間）という．

初期故障期間において，時間の経過と共に減少する故障率のことを **DFR** (Decreasing failure rate) という．偶発故障期間における一定の故障率，磨耗故障期間において時間の経過とともに増加する故障率のことを，それぞれ **CFR** (Constant faliure rate)，**IFR** (Increasing failure rate) という．バスタブ曲線は，時間の経過と故障率の推移の関係がバスタブ状に見えることからその名が付いている．

図 1.3 は厚生労働省が取りまとめた平成 18 年人口動態統計 *3 における，

---

*2 修理系アイテムの当該時点での単位時間当りの故障発生数
*3 http://www.mhlw.go.jp/toukei/saikin/hw/jinkou/kakutei06/index.html

年齢階層別の死亡率を示したものである．横軸は年齢層，縦軸は人口 10 万人に対する死亡数を表す．ここでの死亡率は，これまで説明した故障率に対応する．0 才から 4 才までの間は，年齢とともに死亡率が減少している．一方，5 才から 39 才頃までは徐々に死亡率が上昇傾向にあるものの，その傾きは緩やかであり，他の期間と比べて一定とみなすことができる．40 才を超えた時期からは死亡率が上昇している．人の寿命と故障を安易に対応付けることが本意ではないが，死亡率もバスタブ曲線と類似の形状を示している．

1.3.2 保全度と修復率

本節では保全度と修復率について述べる．信頼度・故障率と同様に，これらの尺度も修復時間を確率変数とする分布を説明し，直しやすさという概念を定量化する．

1.3.2.1 保全度の定義

保全度は，与えられた使用条件の下で，アイテムに対する与えられた実働保全作業が，規定の時間間隔内に終了する確率と定義される．ここで，保全作業は規定の条件の下で，規定の要領と資源を用いて行われることとする，という条件が付く．

確率変数は連続型で**修復時間**（アイテムの故障について，修復作業を開始した時点から，アイテムが運用可能状態に回復するまでの時間）あるいは**保全時間**（**予防保全** [4] 及び**事後保全** [5] に要する時間）とし，変数 τ で表すことが多い．定義域は故障寿命 t と同様に $[0, \infty)$ である．修復時間の確率密度関数を $m(\tau)$，確率分布関数を $M(\tau)$ とすると，$M(\tau)$ は τ に対する保全の累積確率とみなすことができ，**保全度関数**という．これは故障寿命 t に対する不信頼度関数 $F(t)$ と同じ関係である．保全開始直後は 1 件も修復しておらず（$M(0) = 0$），τ の経過に伴い，最終的には全ての保全が完了する（$M(\infty) = 1$）．また，$M(\tau)$ は τ の非減少関数となる．

$$M(\tau) = \int_0^\tau m(t)\,dt \tag{1.22}$$

---

[4] アイテムの使用中での故障を未然に防止し，アイテムを使用可能状態に維持するために計画的に行う保全

[5] 故障が起こった後でアイテムを運用可能状態に回復するために行う保全．これに要する時間が修復時間である．

つまり，$M(\tau)$ は修復開始（$\tau=0$）から時刻 τ までに修復が完了したアイテムの，総アイテム数に対する割合を表す．離散型の場合を考え，式 (1.22) を式 (1.11) と同様の形式で記述すると，対象となる総アイテム数を N，時刻 τ で修復が完了したアイテム数を $n(\tau)$ として，次のように表すこともできる．

$$M(\tau) = \frac{n(\tau)}{N} \tag{1.23}$$

1.3.2.2 修復率の定義

修復率は，当該時間間隔の始めには修復が終了していないとき，ある時点での修復完了事象の単位時間当りの発生率と定義されている．つまり，時刻 τ までに修復してないアイテムが，引き続く単位時間内に修復する割合である．これを $\mu(\tau)$ とすると，**1.3.1.2** 節と同様の議論から $\mu(\tau)$ は式 (1.24) で定義される．

$$\mu(\tau) = \frac{m(\tau)}{1 - M(\tau)} \tag{1.24}$$

平均修復率 $\bar{m}(\tau_1, \tau_2)$ も，式 (1.19) の故障率と同様の関係から導出される．

$$\bar{m}(\tau_1, \tau_2) = \frac{1}{\tau_2 - \tau_1} \int_{\tau_1}^{\tau_2} m(\tau)\, d\tau \tag{1.25}$$

また，平均修復率は次の式でも計算できる．

$$平均修復率 = \frac{修復を行った回数}{それぞれの修復時間の合計} \tag{1.26}$$

表 1.2 信頼性と保全性の対称性

	信頼性尺度	保全性尺度
確率変数	t	τ
確率密度関数	$f(t)$	$m(\tau)$
確率分布関数	$F(t) = 1 - R(t)$	$M(\tau)$
率	$h(t)$	$\mu(\tau)$

ここまでに述べた，信頼性と保全性の対称性を**表 1.2** にまとめた．本表と式 (1.17)，(1.22) の関係から，式 (1.27) を得る．

$$M(\tau) = 1 - \exp\left\{-\int_0^\tau \mu(x)\,dx\right\} \tag{1.27}$$

MTTF, MTBF と同様に，**平均修復時間** (Mean time to repair: **MTTR**) も連続型の場合は次のように定義される．

$$\mathrm{MTTR} = \int_0^\infty \tau m(\tau)\,d\tau \tag{1.28}$$

1.3.3 アベイラビリティ

アベイラビリティは，要求された外部資源が用意されたと仮定したとき，アイテムが与えられた条件で，与えられた時点，または期間中，要求性能を実行できる状態にある能力，または機能を維持する時間の割合と定義され，修理系における信頼度に相当する尺度である．修理系における信頼度と保全度を組合せた確率であるともいわれ，日本語では**可用性**，**可動率**または**稼働率**と呼ばれることもある．また，アベイラビリティが適切に定義されていれば，1 − アベイラビリティを**アンアベイラビリティ**または**不稼働率**と呼ぶ．

アベイラビリティには，評価の基準や対象，条件の違いなどから様々な尺度が存在する．ここではその中で主なものについて説明する．まず，要求された外部資源が供給されるとき，与えられた時点において，アイテムが与えられた条件の下で要求機能遂行状態にある確率を**瞬間アベイラビリティ**という．例えば，運用中の N_0 個のアイテムのうち，ある時刻 t において可動状態にあるアイテム数を $N(t)$ とすると，瞬間アベイラビリティ $A(t)$ は式 (1.29) で定義される．

$$A(t) = \frac{N(t)}{N_0} \tag{1.29}$$

$A(t)$ は，式 (1.11) で定義した信頼度 $R(t)$ と同じ形であることを注意する．これらの違いは t にある．信頼度の場合，t は故障寿命であり，$t = 0$ で運用を開始するという前提がある．また，$R(t)$ は運用開始後，時刻 t まで故障しなかったものが対象となる．これに対し，アベイラビリティにおける t は測

定時期を表すものであり，故障寿命であるとは限らない．つまり，運用開始において必ず $t=0$ とするわけではない．そして，$A(t)$ は測定を始めてから時刻 t に至るまでの途中には無関係であり，時刻 t での状態だけで決まる．修理系の $R(t)$ は計算が困難であることは **1.3.1.2** 節で述べたが，$A(t)$ は修理系の信頼度に代わる尺度として用いられている．

次に，与えられた時間間隔 (t_1, t_2) に対する瞬間アベイラビリティの平均を**平均アベイラビリティ** $\bar{A}(t_1, t_2)$ という．

$$\bar{A}(t_1, t_2) = \frac{1}{t_2 - t_1} \int_{t_1}^{t_2} A(t)\,dt \tag{1.30}$$

$t \to \infty$ で $A(t)$ の極限が存在する場合，**漸近アベイラビリティ**，あるいは**定常アベイラビリティ** A という．

$$A = \lim_{t \to \infty} A(t) \tag{1.31}$$

漸近アベイラビリティのうち，式 (1.32) で定義される尺度を**固有アベイラビリティ** A_i という．

$$A_i = \frac{\text{MTBF}}{\text{MTBF} + \text{MTTR}} \tag{1.32}$$

一方，アイテムが外的資源が供給される限りにおいて，動作可能状態にある時間（**アップ時間**）の平均を**平均アップ時間** (Mean up time: **MUT**)，アイテムがダウン状態にある時間（**ダウン時間**）の平均を**平均ダウン時間** (Mean down time: **MDT**) といい，これらを用いた式 (1.33) の尺度を**運用アベイラビリティ** A_o という．

$$A_o = \frac{\text{MUT}}{\text{MUT} + \text{MDT}} \tag{1.33}$$

ここまで，信頼性工学における尺度を説明した．これらの尺度と，修理系／非修理系との対応関係を**表 1.3** に示す．修理系の信頼度は，定義はできるが精密な計算が困難なため，アベイラビリティで代替する．故障率についても同様に平均故障率を用いる場合がほとんどである．なお，この表は，対象

表 1.3 信頼性尺度と修理系／非修理系との対応

		非修理系	修理系
信頼性	信頼度	定義可能	精密な計算は困難 （アベイラビリティで代替）
	故障率	定義可能	精密な計算は困難 （平均故障率が主流）
保全性	保全度	定義不能	定義可能
	修復率	定義不能	定義可能

アイテム数を測定開始時点でのアイテム数で固定する場合に限る．一般的な信頼性工学において，測定途中で評価，分析の対象となるアイテム数自体が増減することは想定されていないため，通信ネットワークのようなシステム全体の信頼性を適切に評価するには，本節で述べた方法とは別の手段を用いなければならない．詳細は 3 章で述べる．

1.4 様々な確率分布

本節では，信頼性工学で多用される確率分布を概説する．ここに挙げる確率分布は R で統一的な組込み関数が用意されている．これらは，確率分布の名前を **xxx** とすると，擬似乱数は **rxxx**，確率密度／確率関数は **dxxx**，確率分布関数は **pxxx**，**クォンタイル**（**分位数** [*6] のこと．**中央値** [*7] や最大値，最小値は分位数の特殊な場合である．）関数は **qxxx** という命名規則を持つ．

1.4.1 離散型分布

1.4.1.1 二項分布

1 回の試行で，事象 A の発生する確率が p とする．この試行を独立に n 回行ったとき，事象 A の発生する回数 X の分布を**二項分布** $Bin(n, p)$ という．母数は試行回数 n ($n \geq 0$ の整数)，事象の発生確率 p ($0 \leq p \leq 1$) である．確率変数 X が母数 n, p の二項分布に従うことを，$X \sim Bin(n, p)$ と表す．

[*6] 実数 q, $0 \leq q \leq 1$ に対して q 分位数は分布を $q : 1-q$ に分割する値を表す
[*7] データを小さい順に並べて中央に位置する値

事象が n 回中 k 回発生する場合，確率関数 $P(X = k)$ は次のようになる．

$$P(X = k) = \binom{n}{k} p^k (1-p)^{n-k} \quad (k = 1, \ldots, n) \tag{1.34}$$

$\binom{n}{k} = \frac{n!}{k!(n-k)!}$ であり，平均は np，分散は $np(1-p)$ となる．信頼性工学では，p を不良率として n 個の標本の中に含まれる不良品の個数の分布が二項分布に従う．

二項分布はRで binom という名前を持ち，擬似乱数，確率関数，確率分布関数，クォンタイル関数はそれぞれ rbinom(), dbinom(), pbinom(), qbinom() である．

Rを使ったグラフと利用例を示す．まず $0, 1, 2, \ldots, 15$ の数列を x に付値する．次に試行回数 $n = 15$，発生確率 $p = 0.4$ の二項分布 $Bin(n = 15, p = 0.4)$ の，x に対する確率関数の値を dbinom() を用いて求め，db に付値する．また，このときの確率分布関数の値も pbinom() で求めて pb に付値する．Rでは，n と p に対応するパラメータ（引数と表現することもある）がそれぞれ size と prob であることを注意する．ここでは size = 15, prob = 0.4 と明示しているが，このように明確に記述する場合，パラメータの順序を変更しても構わない．逆に，各関数のヘルプに記載されている順序で与える場合は，size や prob を明示する必要はない．つまり，dbinom(x, size = 15, prob = 0.4) は，dbinom(x, 15, 0.4) と省略して記述する

```
1  library(plotrix)
2  x <- 0:15
3  db <- dbinom(x, size = 15, prob = 0.4)
4  pb <- pbinom(x, size = 15, prob = 0.4)
5  ## dbinom() と pbinom() のプロット
6  twoord.plot(x, db, x, pb, xlab = "確率変数",
7              ylab = "確率関数", rylab = "確率分布関数")
8  ## 凡例の表示
9  legend("right", c("確率関数", "確率分布関数"), lty = 1,
10         pch = c(1, 2), col = c("black", "red"), inset = 0.03)
```

ことも許される．ただし，省略仮引数（...）の後に続ける際には省略は許されない．加えて，パラメータは一意に識別できれば最後まで明示しなくてもよい．つまり，関数 dbinom() のパラメータで，s から始まるものは size しかなく，p から始まるものも prob しかないため，dbinom (x, s = 15, p = 0.4) としても構わない．以後，本書で記述するコードでは混乱を避けるため，明らかに類推できる場合を除き，パラメータは正確に明示する．

以上の内容を plotrix ライブラリ [*8] の関数 twoord.plot() で同時にプロットし，凡例を関数 legend() で加える．"right" は図の中央右側に凡例を置くという意味であり，lty = 1 でグラフの線種（1 は実線），pch = c(1, 2) で表示するマーカ（1 が丸，2 が三角）を指定する．inset で図の端からのオフセット量を，図全体の領域に対する比率で指示する．なお，関数 library() は，ライブラリを呼出すために用いる．

図 1.4 はこのコードを再現したものである．実際には図 1.5 のようになり，破線の確率分布関数のグラフが赤実線に，右側の縦軸の表示色も赤にな

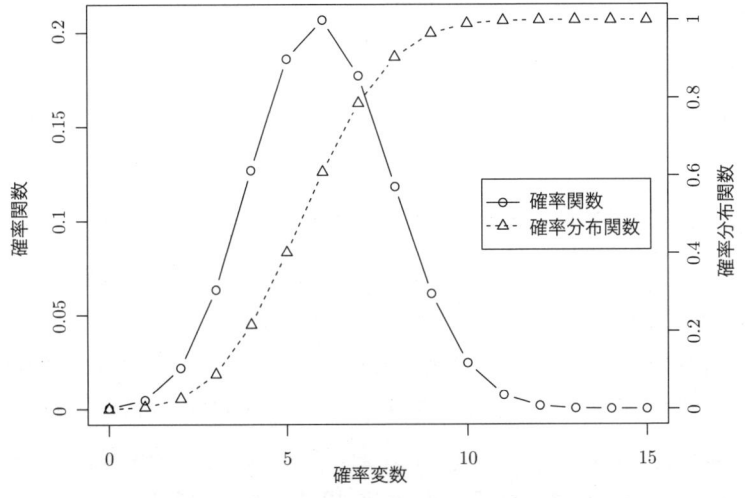

図 1.4 二項分布の確率関数と確率分布関数

[*8] 標準ライブラリではないため，各人でインストールする必要がある．付録 A 参照．

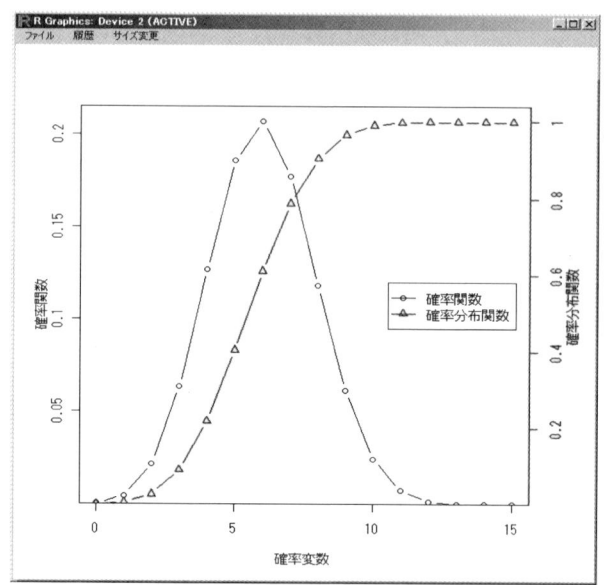

図 1.5 Windows 版 R での実行例

る．本書では白黒表示のため，**図 1.4** 作成のために twoord.plot() の定義を修正している（**付録 D 参照**）．

qbinom() と rbinom() の利用例を示す．qbinom() は pbinom() の逆関数であり，この場合は

$$pbinom(x,\ size\ =\ 15,\ prob\ =\ 0.4) - pb = 0 \quad (1.35)$$

となる x を返す．pb は $Bin(n=15,\ p=0.4)$ の，x に対する確率分布の値なので，qbinom() の結果は x そのものになる．次に，$Bin(n=15,\ p=0.4)$ に従う乱数を，rbinom() で 10 個生成している．以後の例も含め，乱数については読者が実行しても全く同じ結果が得られるとは限らない．乱数のシー

```
> qbinom(pb, size = 15, prob = 0.4)     ## qbinom() の利用例
 [1]  0  1  2  3  4  5  6  7  8  9 10 11 12 13 14 15
> rbinom(10, size = 15, prob = 0.4)     ## 乱数の生成例
 [1] 11  6  7  4  7  8  6  6  8  5
```

ドを固定する方法は **2.2.3** 節で述べる．

1.4.1.2　ポアソン分布

二項分布 $Bin(n, \frac{\lambda}{n})$ の λ を一定にして $n \to \infty$ とした極限分布を**ポアソン分布** $Po(\lambda)$ という．母数，平均と分散はともに λ（$\lambda > 0$）であり，確率関数は次式で与えられる．

$$P(X = k) = \frac{\lambda^k}{k!} \exp(-\lambda) \quad (k = 1, 2, 3, \ldots) \tag{1.36}$$

$Po(np)$ は，二項分布 $Bin(n, p)$ において，n が非常に大きく p が非常に小さい場合に相当するため，滅多に起こらない事象が発生する件数の分布ということができる．つまり，$Bin(n, p)$ は $Po(np)$ で近似することができる．

信頼性工学で用いる場合，例えば，故障率 λ[*9] の装置を t 時間動作させたときの故障発生件数 X は，$X \sim Po(\lambda t)$ である．

ポアソン分布は R で `pois` という名前を持ち，擬似乱数，確率関数，確率分布関数，クォンタイル関数はそれぞれ `rpois()`, `dpois()`, `ppois()`, `qpois()` である．

Rでの利用例を示す．ここでは $Po(\lambda = 5)$ を対象とする．コードの中身は二項分布の場合とほぼ同様なので，詳細な説明は省略する．λ に対応する R のパラメータは `lambda` である．

```
1  library(plotrix)
2  x <- 0:15
3  dp <- dpois(x, lambda = 5)
4  pp <- ppois(x, lambda = 5)
5  ## dpois() と ppois() のプロット
6  twoord.plot(x, dp, x, pp, xlab = "確率変数",
7             ylab = "確率関数", rylab = "確率分布関数")
8  ## 凡例の表示
9  legend("right", c("確率関数", "確率分布関数"), lty = 1,
10        pch = c(1, 2), col = c("black", "red"), inset = 0.03)
```

[*9] **1.3.1.2** 節で述べた通り，信頼性工学では故障率を λ と表す慣習がある．ポアソン分布の平均 λ とは意味が異なるので注意を要する．

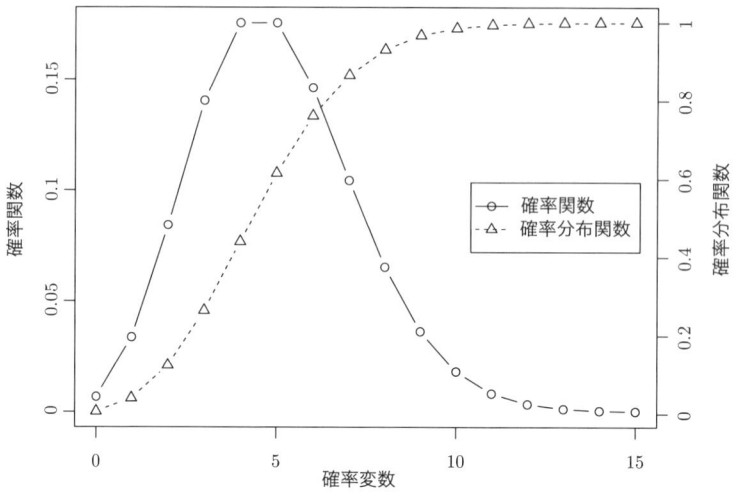

図 1.6 ポアソン分布の確率関数と確率分布関数

`qpois()` と `rpois()` の利用例は以下の通りである．

```
> qpois(pp, lambda = 5)      ## qpois() の利用例
 [1]  0  1  2  3  4  5  6  7  8  9 10 11 12 13 14 15
> rpois(10, lambda = 5)       ## 乱数の生成例
 [1] 5 6 3 5 2 6 5 3 6 4
```

1.4.2 連続型分布

1.4.2.1 指数分布

指数分布 $E_x(\lambda)$ は，母数 $\lambda > 0$ に対して，確率密度関数 $f(x)$ が次式で定義される分布である．

$$f(x) = \begin{cases} \lambda \exp(-\lambda x) & (x \geq 0) \\ 0 & (x < 0) \end{cases} \tag{1.37}$$

平均 $\mu = \frac{1}{\lambda}$，分散 $\sigma^2 = \frac{1}{\lambda^2}$ である．

指数分布は信頼性工学で重要な役割を担っている．偶発故障期間において，故障率 $\lambda(t)$ は時間 t によらない一定値 λ であり，この期間における故障寿命は $E_x(\lambda)$ に従う．更に，式 (1.21) から，

$$\mathrm{MTBF} = \int_0^\infty t\,f(t)\,dt = \frac{1}{\lambda} \qquad (1.38)$$

となる．これについては **1.6.4** 節でも触れる．

指数分布は R で exp という名前を持ち，擬似乱数，確率関数，確率分布関数，クォンタイル関数はそれぞれ rexp(), dexp(), pexp(), qexp() である．

R での利用例を示す．次のコードは $E_x(\lambda = 0.1)$ の確率密度関数と確率分布関数，式 (1.9), (1.14) に基づく故障率関数のグラフを作成する．故障寿命ではなく修復時間を対象とする場合は，式 (1.24) による修復率となるが，**1.3.2.2** 節で示した信頼性と保全性の対称性の関係から故障率と同じ求め方となる．なお，qexp() と rexp() の例は省略した．指数分布の母数 λ に対応する R のパラメータは rate である．

```
1  par(mar = c(4, 4, 2, 4))              ## マージンの指定
2  curve(dexp(x, rate = 0.1), xlim = c(0, 50), ## 確率密度関数の描画
3        ylim = c(0, 0.1), lwd = 2, xlab = "確率変数",
4        ylab = "確率密度関数/故障率関数")
5  curve(pexp(x, rate = 0.1) / 10, lwd = 2,    ## 確率分布関数の描画
6        add = TRUE, col = "red")
7  curve(dexp(x, rate = 0.1) /
8        pexp(x, rate = 0.1, lower.tail = FALSE),
9        lwd = 2, col = "blue", add = TRUE)    ## 故障率関数の描画
10 axis(4, (0:5) * 2 / 10, at = (0:5) * 2 / 100, col = "red")
11                                             ## 右の軸とラベル
12 mtext("確率分布関数", side = 4, line = 3)
13 abline(v = 10, lty = 2, lwd = 2)            ## 平均値の描画
14 legend("right",                             ## 凡例の記述
15       c("確率密度関数", "確率分布関数", "故障率関数", "平均値"),
16       col = c("black", "red", "blue", "black"),
17       lwd = 2, lty = c(1, 1, 1, 2), inset = 0.05)
```

連続型分布の場合，関数 curve() が利用できるが，前述の twoord.plot() には curve() を渡すことができず，三つのグラフを同時に描画できない．そこで，twoord.plot() よりも手間は増えるが，基本描画関数を利用してグラ

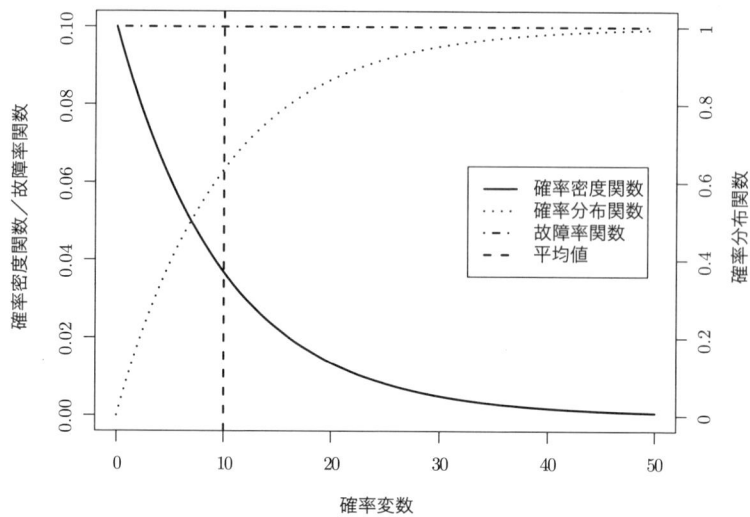

図 1.7 指数分布の確率密度関数,確率分布関数,故障率関数と平均値

フを作成する.連続型分布で twoord.plot を用いる例は 3.3.2 節で示す.

まず 1 行目で,グラフィックパラメータを設定する関数 par() により図のマージン mar を指定する.c(4, 4, 2, 4) は,順に図の下,左,上,右のマージンを行単位で指定する.2 行目の curve() で,$E_x(\lambda = 0.1)$ の確率密度関数 dexp(x, rate = 0.1) を描く.xlim と ylim はグラフの定義域と値域,lwd は線幅である.5 行目の curve() で $E_x(\lambda = 0.1)$ の確率分布関数を描く.pexp(x, rate = 0.1) が $E_x(\lambda = 0.1)$ の確率分布関数であり,dexp() のグラフの値域とレンジを合わせるために $\frac{1}{10}$ 倍していることを注意する.最初の curve() によるグラフに重ね描きするため,add = TRUE を加える.線の色は赤とした (col = "red").

7 行目の curve() は故障率関数を描く.式 (1.14) での $f(t)$ は dexp(x, rate = 0.1),$R(t)$ は式 (1.9) から 1 - pexp(x, rate = 0.1) としても近似解は得られるが,計算誤差が混入する.この場合は pexp(x, rate = 0.1, lower.tail = FALSE) で $R(t)$ を直接求める.$R(t)$ のグラフは青色 (col = "blue") とした.この lower.tail については 1.6.3 節で詳述する.指数分

布の故障率は一定値 λ であることから，$y = 0.1$ であることがグラフからも確かめられる．このように，数式をほぼ逐語的にコードとして記述できることが R の利点の一つである．

10 行目の `axis()` は，図の軸を記述する関数である．ここでは右側の軸（第1 パラメータの 4）を描くが，先に説明したように，`pexp()` の値を `dexp()` に揃えてスケールしたため，[0, 0.1] を [0, 1] に引き延ばしている．また，その軸のラベルを 12 行目の関数 `mtext()` で与えている．`side = 4`は図の右側を表し，`line = 3`は軸を基準にして 3 行目の位置に対応する．

13 行目の `abline()` は直線を描く関数である．$E_x(\lambda = 0.1)$ の平均は $\frac{1}{\lambda} = 10$ なので、$x = 10$ の直線 (`v = 10`) を破線 (`lty = 2`) で描く．最後に凡例を関数 `legend()` で加える．以上の結果が **図 1.7** のようになる．以後のグラフも含め，表示の都合上，色付きの部分は破線や点線などで置き換えた場合がある．

1.4.2.2 正規分布

正規分布は，定義域 $(-\infty, \infty)$ の確率変数 x に対して，母数として平均 μ，分散 σ^2 を持ち，$N(\mu, \sigma^2)$ と表される．確率密度関数 $f(x)$ は次式になる．

$$f(x) = \frac{1}{\sqrt{2\pi}\sigma} \exp\left\{-\frac{(x-\mu)^2}{2\sigma^2}\right\} \quad (1.39)$$

特別な場合として，$N(0, 1)$ を**標準正規分布**と呼ぶ（下式）．

$$f(x) = \frac{1}{\sqrt{2\pi}} \exp\left\{-\frac{x^2}{2}\right\} \quad (1.40)$$

正規分布は平均に対する誤差の分布など，偶然に由来する性質をよく反映することが知られている．また，**中心極限定理**（母集団の分布に関係なく，そこから抽出した標本の平均は正規分布に従う）も知られており，正規分布の統計学での役割は非常に大きい．

ポアソン分布で λ が十分に大きい（$\lambda > 1000$）とき，$N(\lambda, \sqrt{\lambda})$ は $Po(\lambda)$ を非常によく近似する．正規分布は R で `norm` という名前を持ち，擬似乱数, 確率関数, 確率分布関数, クォンタイル関数はそれぞれ `rnorm()`, `dnorm()`,

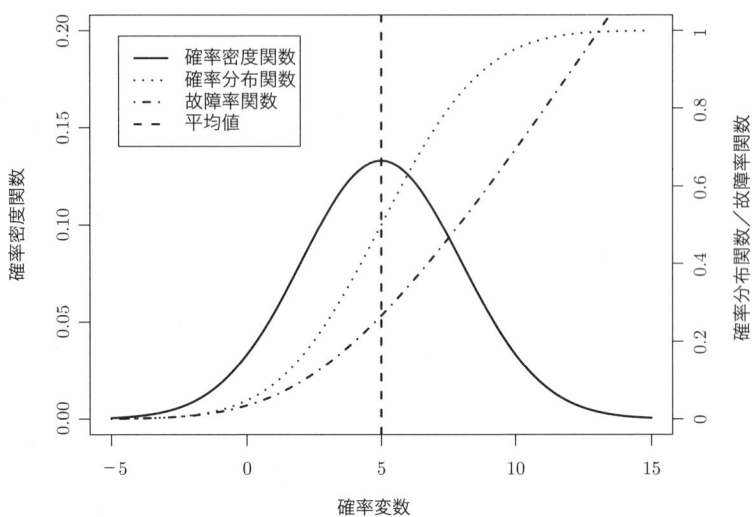

図 1.8 正規分布の確率密度関数，確率分布関数，故障率関数と平均値

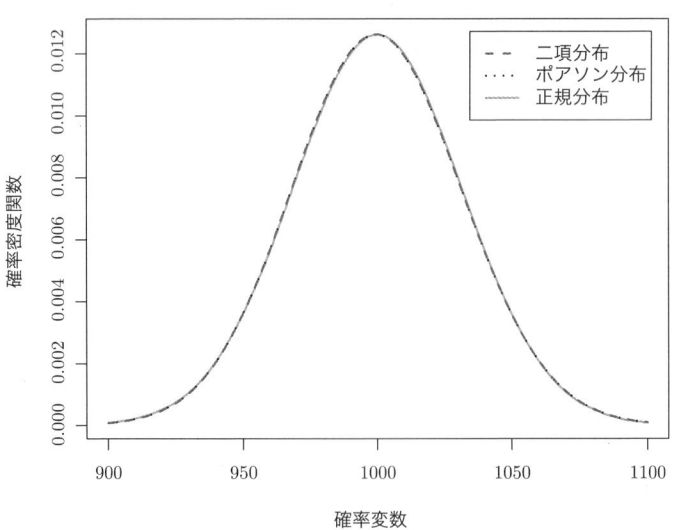

図 1.9 二項分布とポアソン分布の正規分布近似

pnorm(), qnorm() である.

dnorm() と pnorm() の利用例を以下のコードと図 1.8 に示す. 基本的なコードは, **1.4.2.1** 節の例と同じなので, 詳細説明は割愛する. ここでは $N(\mu=5, \sigma^2=2)$ を用いている. 正規分布の母数 μ, σ^2 に対応する R のパラメータはそれぞれ mean と sd である.

```
 1  par(mar = c(4, 4, 2, 4))                    ## マージンの指定
 2  curve(dnorm(x, mean = 5, sd = 3),            ## 確率密度関数の描画
 3        xlim = c(-5, 15), ylim = c(0, 0.2), lwd = 2,
 4        xlab = "確率変数", ylab = "確率密度関数")
 5  curve(pnorm(x, mean = 5, sd = 3) / 5,        ## 確率分布関数の描画
 6        lwd = 2, add = TRUE, col = "red")
 7  curve((dnorm(x, mean = 5, sd = 3) /
 8         pnorm(x, mean = 5, sd = 3, lower.tail = FALSE)) / 5,
 9        lwd = 2, add = TRUE, col = "blue")     ## 故障率関数の描画
10  axis(4, (0:5) * 2 / 10, at = (0:5) * 4 / 100,
11        col = "red")                           ## 右の軸とラベル
12  mtext("確率分布関数/故障率関数", side = 4, line = 3)
13  abline(v = 5, lty = 2, lwd = 2)              ## 平均値の描画
14  legend("topleft",                            ## 凡例の記述
15        c("確率密度関数", "確率分布関数", "故障率関数", "平均値"),
16        col = c("black", "red", "blue", "black"), lwd = 2,
17        lty = c(1, 1, 1, 2), inset = 0.05)
```

ここまでに, 二項分布とポアソン分布, 正規分布の近似について述べた. これらの関係を R を用いてグラフにする. $n=10^6$, $p=10^{-3}$ として, $Bin(n, p)$, $Po(np)$ の確率関数と $N(np, \sqrt{np})$ の確率密度関数を図 **1.9** のようにプロットする. 二項分布を黒 (図 **1.9** では破線), ポアソン分布を赤 (図 **1.9** では点線), 正規分布を青 (図 **1.9** では実線) でそれぞれ描くが, ほとんど重なる. 二項分布は離散型分布なので, plot() に type = "l" を指定して線を引き, ylab で y 軸のタイトルを指定している. x 軸のタイトルを指定する同様のパラメータに xlab もある. ポアソン分布と正規分布は lines() で重ね描きしている. lines() は既存のプロットウィンドウに重ね描きするので, curve() の add = TRUE のようなパラメータは不要である.

```
1  n <- 1.0e+6
2  p <- 1.0e-3
3  x <- 900:1100
4  plot(x, dbinom(x, size = n, prob = p), type = "l",
5       lwd = 2, ylab = "確率密度関数")
6  lines(x, dpois(x, lambda = n * p), lwd = 2, col = "red")
7  lines(x, dnorm(x, mean = n * p, sd = sqrt(n * p)), lwd = 2,
8        col = "blue")
9  legend("topright", c("二項分布", "ポアソン分布", "正規分布"),
10        col = c("black", "red", "blue"), lwd = 2, inset = 0.05)
```

1.4.2.3 対数正規分布

確率変数の対数値が平均 μ_L，分散 σ_L^2 の正規分布 $N(\mu_L, \sigma_L^2)$ に従うとき，元の確率変数は**対数正規分布** $N_L(\mu_L, \sigma_L^2)$ に従う．確率密度関数 $f(x)$ は次のようになる．

$$f(x) = \begin{cases} \dfrac{1}{\sqrt{2\pi}\sigma_L x} \exp\left\{-\dfrac{(\log x - \mu_L)^2}{2\sigma_L^2}\right\} & (x > 0) \\ 0 & (x \leq 0) \end{cases} \tag{1.41}$$

平均，分散はそれぞれ $\exp\left(\mu_L + \frac{\sigma_L^2}{2}\right)$，$\exp(2\mu_L + \sigma_L^2)\{\exp(\sigma_L^2) - 1\}$ である．平均が単純な $\exp(\mu_L)$ とはならない．

対数正規分布は確率変数に正の値しか取らず，すその大変長い分布である．信頼性工学では装置や材料の寿命，故障時の修復時間の分布として多用される．R では `lnorm` という名前を持ち，擬似乱数，確率関数，確率分布関数，クォンタイル関数はそれぞれ `rlnorm()`, `dlnorm()`, `plnorm()`, `qlnorm()` である．

`dlnorm()` と `plnorm()` の利用例を以下のコードと**図 1.10** に示す．ここでは

```
1  par(mar = c(4, 4, 2, 4))                      ## マージンの指定
2  curve(dlnorm(x, meanlog = 1, sdlog = 0.8),    ## 確率密度関数の描画
3        xlim = c(0, 15), ylim = c(0, 0.25), lwd = 2,
4        xlab = "確率変数", ylab = "確率密度関数", n = 500)
5  ## 確率分布関数の描画
```

```
 6  curve(plnorm(x, meanlog = 1, sdlog = 0.8) / 4,
 7        lwd = 2, add = TRUE, col = "red", n = 500)
 8  ## 故障率関数の描画
 9  curve((dlnorm(x, meanlog = 1, sdlog = 0.8) /
10         plnorm(x, meanlog = 1, sdlog = 0.8,
11              lower.tail = FALSE)) / 4,
12        lwd = 2, add = TRUE, col = "blue", n = 500)
13  ## 右の軸とラベル
14  axis(4, (0:5) * 0.2, at = (0:5) * 0.05, col = "red")
15  mtext("確率分布関数/故障率関数", side = 4, line = 3)
16  abline(v = exp(1.4), lty = 2, lwd = 2)       ## 平均値の描画
17  legend("right",                              ## 凡例の記述
18        c("確率密度関数", "確率分布関数", "故障率関数", "平均値"),
19        col = c("black", "red", "blue", "black"), lwd = 2,
20        lty = c(1, 1, 1, 2), inset = 0.05)
```

$N_L(\mu_L = 1, \sigma_L^2 = 0.8)$ を例にしている．この場合の平均は，$\exp(1 + \frac{0.8}{2}) \fallingdotseq$ 4.06 である．母数 μ_L, σ_L^2 に対応する R のパラメータはそれぞれ `meanlog` と `sdlog` である．なお，`curve()` で曲線を引く際に用いるデータの個数 `n` を

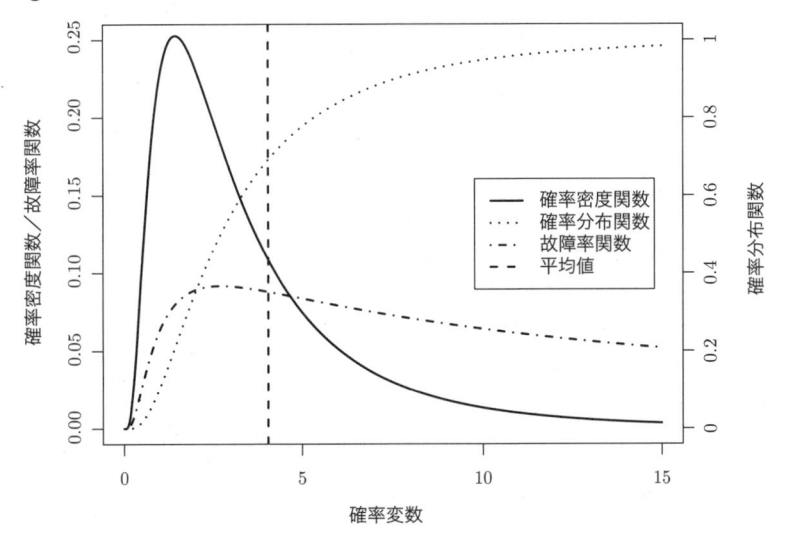

図 1.10 対数正規分布の確率密度関数，確率分布関数，故障率関数と平均値

500 に指定している（デフォルトは 101）.

1.4.2.4 ワイブル分布

ワイブル分布は，物体の強度を統計的に表すための確率分布である．母数は形状パラメータ $m > 0$ と尺度パラメータ $\eta > 0$ であり，確率密度関数 $f(x)$ は次のようになる．

$$f(x) = \begin{cases} \frac{m}{\eta} \left(\frac{t}{\eta}\right)^{m-1} \exp\left\{-\left(\frac{t}{\eta}\right)^m\right\} & (x > 0) \\ 0 & (x \leq 0) \end{cases} \quad (1.42)$$

平均と分散は，それぞれ $\eta\Gamma\left(1+\frac{1}{m}\right)$, $\eta^2\Gamma\left(1+\frac{2}{m}\right) - \eta^2\left\{\Gamma\left(1+\frac{1}{m}\right)\right\}^2$ である．$\Gamma(x)$ は**ガンマ関数**を表す．

$$\Gamma(x) = \int_0^\infty u^{x-1} \exp(-u)\, du \quad (1.43)$$

信頼性工学では，時間に対する劣化や寿命を表すために用いられる．特に故障率計算において，形状パラメータ m の値により初期故障期間，偶発故障期間，磨耗故障期間の全てを表すことができる特質を持つ．具体的は，$m < 1$ が初期故障期間，$m = 1$ が偶発故障期間，$m > 1$ が磨耗故障期間に対応する．指数分布は $m = 1$ のワイブル分布の特殊形である．

ワイブル分布は R で `weibull` という名前を持ち，擬似乱数，確率関数，確率分布関数，クォンタイル関数はそれぞれ `rweibull()`, `dweibull()`, `pweibull()`, `qweibull()` である．

これまでと同様に，`dweibull()` と `pweibull()` の利用例を以下のコードと図 **1.11** に示す．ここでは $m = 2, \eta = 5$ の場合を示す．母数 m, η に対応する R のパラメータはそれぞれ `shape` と `scale` である．ワイブル分布は母数，特に m の取る値で確率密度関数と故障率関数の形状が大きく異なる．母数の変化をインタラクティブに確認する別の方法は **1.5** 節で説明する．この場合の平均は $5\Gamma\left(1+\frac{1}{2}\right) \fallingdotseq 4.431$ となる．その値は，これまでのグラフと同様に `abline()` で表しているが，ガンマ関数は R の関数 `gamma()` で計算している．

様々な確率分布

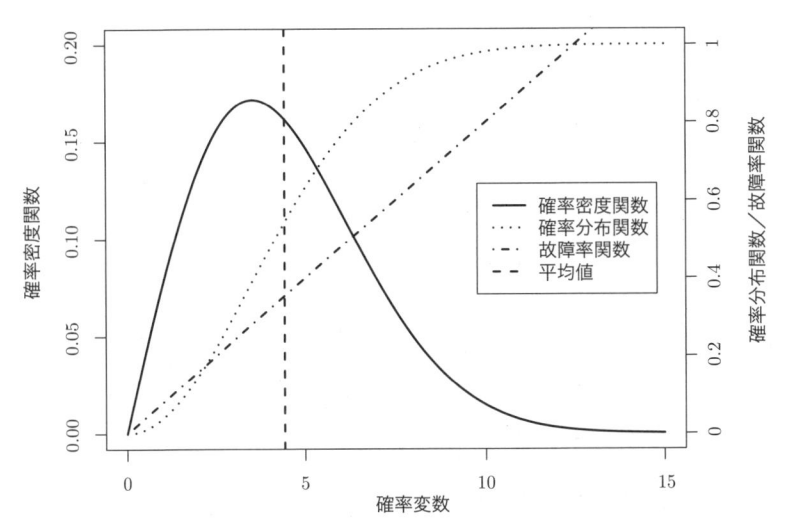

図 1.11 ワイブル分布の確率密度関数，確率分布関数，故障率関数と平均値

```
1  par(mar = c(4, 4, 2, 4))                    ## マージンの指定
2  curve(dweibull(x, shape = 2, scale = 5),    ## 確率密度関数の描画
3        xlim = c(0, 15), ylim = c(0, 0.2), lwd = 2,
4        xlab = "確率変数", ylab = "確率密度関数", n = 500)
5  ## 確率分布関数の描画
6  curve(pweibull(x, shape = 2, scale = 5) / 5,
7        lwd = 2, col = "red", n = 500, add = TRUE)
8  ## 故障率関数の描画
9  curve((dweibull(x, shape = 2, scale = 5) /
10       pweibull(x, shape = 2, scale = 5,
11               lower.tail = FALSE)) / 5,
12       lwd = 2, col = "blue", n = 500, add = TRUE)
13 ## 右の軸とラベル
14 axis(4, (0:5) * 0.2, at = (0:5) * 0.04, col = "red")
15 mtext("確率分布関数/故障率関数", side = 4, line = 3)
16 ## 平均値の描画
17 abline(v = 5 * gamma(1 + 1 / 2), lty = 2, lwd = 2)
18 legend("right",                              ## 凡例の記述
19       c("確率密度関数", "確率分布関数", "故障率関数", "平均値"),
```

```
20      col = c("black", "red", "blue", "black"), lwd = 2,
21      lty = c(1, 1, 1, 2), inset = 0.05)
```

従来，標本が正規分布，対数正規分布，ワイブル分布に当てはまるかどうかを見るには**確率紙**（これらの各分布に対して**正規確率紙**，**対数正規確率紙**，**ワイブル確率紙**がある）へのプロットが用いられてきた．一般的な信頼性工学の参考書でも確率紙を用いる解説が多いが，目視による判定を伴い正確性に欠ける場合があることと，最尤法（**2.2.1** 節参照）など別の基準による当てはめ方法が存在することから，ここではこれ以上触れない．なお，これらをRで作成する関数は，文献 [4] のサポートサイトで公開されている．

1.5 インタラクティブなグラフの作成

1.5.1 tcltk ライブラリを用いた GUI

1.4 節では，様々な分布のグラフを図示してきた．内容に応じて，*twoord.plot()* で簡易に表示したものもあれば，*plot()* や *curve()*，*lines()* などの基本描画関数を組み合わせて複雑なグラフを描いたものもあった．

このような表示は，グラフの形状を視覚的に理解する上で重要である．しかし，母数を特定の値に限定しなければならず，母数の変化に応じてグラフの形状がどのように推移するかを見ることができない．例えば，ワイブル分布は母数 m の値に応じて確率密度関数や故障率関数の形状が大きく変化するが，これまでに示したような図でその変化を把握することは難しい．

R は強力な GUI スクリプティング環境である **Tcl/Tk** とのインタフェースである *tcltk* ライブラリがデフォルトでインストールされており，GUI を構築することができる．実際，これを元に R 自体を GUI 化する *Rcmdr* ライブラリ[10]があり，日本語の解説書 [5] も出版されている．

本節では，*tcltk* ライブラリを用い，母数をインタラクティブに変化させてグラフを表示する方法を説明する．*tcltk* ライブラリの具体的な利用方法について詳細に記述された文献はほとんどなく，簡単な利用例を集めた

---

[10] 標準ライブラリではないため，各人でインストールする必要がある．付録A参照．

James Wettenhall 氏のサイト [6] 程度しか見当たらない[*11]．以下の例も本サイトと $tcltk$ ライブラリのオンラインヘルプを参考に作成した．

例として，ワイブル分布の確率密度関数と確率分布関数，故障率関数を，母数 m, η を変化させて描く GUI を作成するコードを示す．$tcltk$ ライブラリをロードした後に，スライダーの動作に対応付けてグラフを描く関数 $draw.graph()$ を定義している．関数の中身は 1.4.2.4 節で述べた内容とほぼ同じだが，注意すべき箇所が二つある．一つ目は，$draw.graph()$ に省略仮引数（$...$）を与えなければならないことである．スライダーを用いる場合，これがないとエラーになり，グラフが描けない．二つ目は，$draw.graph()$ の中で，$shape$ と $scale$ という変数を定義している箇所である．スライダーを動かして母数（Tcl 変数）を変化させるが，Tcl 変数は R に渡すことができないため，8～9 行目で $as.double()$ を用いて $double$ 型（**倍精度実数型**）への変換を行っている．この『型』という表現は，R では**クラス**とも呼ばれる．以後，これらの表現は同じ意味で用いる．

次に，実際の GUI を作成する．$tcltk$ ライブラリには，Tcl/Tk への主要なインタフェース関数が用意されており，基本的には以下の流れで処理を進める．

1. GUI パネルの初期化（$tktoplevel()$：28 行目）
2. Tcl 変数の初期化（$tclVar()$：31～32 行目）
3. 上記 Tcl 変数を使ったスライダーの定義（$tkscale()$：34～41 行目）
4. スライダーの GUI パネルへの配置（$tkgrid()$：42 行目以降）

詳細は，コードとその中に記述したコメントを参照頂きたいが，ここでも三つ注意点を述べる．一つ目は，Tcl 変数を定義する関数 $tclVar()$ である．パラメータは，実際の中身が数値であっても文字列変数として渡さなければならない．二つ目はスライダーの定義である．スライダーは関数 $tkscale()$ で定義される．このパラメータには，表示する GUI パネルとスライダーで動か

[*11] $tkcmd()$ など，今では使われなくなった関数を用いている箇所もあるので，適宜現状と読み替えながら理解する必要がある．

```
1  library(tcltk)    ## tcltk ライブラリのロード
2  ## スライダーに対応付けてグラフを描く関数 draw.graph の定義
3  ## スライダーを使う場合，省略仮引数 ... が必須
4  draw.graph <- function(...) {
5    par(mar = c(4, 4, 2, 4))
6    ## Tcl 変数を R の変数に変換する
7    shape <- as.double(tclvalue(Slider.shape))
8    scale <- as.double(tclvalue(Slider.scale))
9    curve(dweibull(x, shape, scale),          ## 確率密度関数の描画
10         xlim = c(0, 5), ylim = c(0, 1), n = 500, lwd = 2,
11         col = "black", xlab = "確率変数",
12         ylab = "確率密度関数/確率分布関数")
13   curve(pweibull(x, shape, scale),          ## 確率分布関数の描画
14         add = TRUE, n = 500, lwd = 2, col = "red")
15   curve((dweibull(x, shape, scale) /        ## 故障率関数の描画
16          pweibull(x, shape, scale, lower.tail = FALSE)) / 10,
17         n = 500, lwd = 2, col = "blue", add = TRUE)
18   ## 平均値の描画
19   abline(v = scale * gamma(1 + 1 / shape), lty = 2, lwd = 2)
20   axis(4, (0:5) * 2, at = (0:5) * 0.2)       ## 右の軸とラベル
21   mtext("故障率関数", side = 4, line = 3)
22   legend("right",                            ## 凡例の記述
23          c("確率密度関数", "確率分布関数", "故障率関数", "平均値"),
24          col = c("black", "red", "blue", "black"), lwd = 2,
25          lty = c(1, 1, 1, 2), inset = 0.05)
```

す範囲（`from` と `to`），スライダーの最小精度（`resolution`），値の表示の有無（`showvalue`），実際に関連付ける Tcl 変数，スライダーの表示方向（`orient`），スライダーを動かすことに関連付けられる関数（`command`）などを取る．`command` には，対応付ける関数の名前を渡す．これらのパラメータは，Tcl/Tk の `scale` コマンドと同じ形式である．三つ目の注意点は，このコードを R に 1 行ずつ直に入力すると分かるが，**ウィジェット**[12] は関数

---

[12] GUI を構成する部品要素，およびその集まりのこと．この場合は `tkscale()` などの部品のことを指す．

```
26  }
27  ## GUI パネルの初期化
28  tt <- tktoplevel()
29  ## ワイブル分布の母数をスライダー用の Tcl 変数として初期化
30  ## (デフォルトを 1 に指定)
31  Slider.shape <- tclVar("1")
32  Slider.scale <- tclVar("1")
33  ## スライダーの定義
34  slider.shape <- tkscale(tt, from = 0.1, to = 3,
35                  resolution = 0.1, showvalue = TRUE,
36                  variable = Slider.shape,
37                  orient = "horizontal", command = draw.graph)
38  slider.scale <- tkscale(tt, from = 0.1, to = 3,
39                  resolution = 0.1, showvalue = TRUE,
40                  variable = Slider.scale,
41                  orient = "horizontal", command = draw.graph)
42  ## 母数 m を表す文字列ラベルの作成と，GUI パネルへの配置 (左寄せ)
43  tkgrid(tklabel(tt, text = "shape"), sticky = "w")
44  ## 母数 m に対するスライダーの GUI パネルへの配置
45  tkgrid(slider.shape)
46  ## 母数 η を表す文字列ラベルの作成と，GUI パネルへの配置 (左寄せ)
47  tkgrid(tklabel(tt, text = "scale"), sticky = "w")
48  ## 母数 η に対するスライダーの GUI パネルへの配置
49  tkgrid(slider.scale)
50  tkfocus(tt)
```

tkgrid() に渡すまで，実際に GUI パネルに配置されない．tkgrid() のパラメータ sticky は，ウィジェットの位置 (正確には GUI パネル内で寄せる方向) を表し，"n" (North, 上), "s" (South, 下), "w" (West, 左)，"e" (East, 右) に対応する．

以上のコードを実行すると，**図 1.12** のような GUI パネルと描画結果が表示される．デフォルトでは $m=1$ (shape), $\eta=1$ (scale) としている．GUI パネルのタイトルバーに表示される数値は，現在の R セッションにおいて何番目に起動されたかを表す．この GUI のスライダーを左右に動かすと，

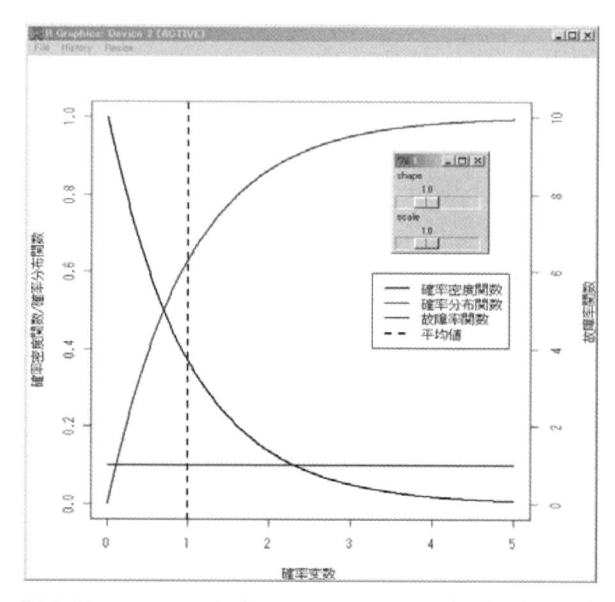

図 1.12 tcltk ライブラリによる GUI の表示例（その 1）

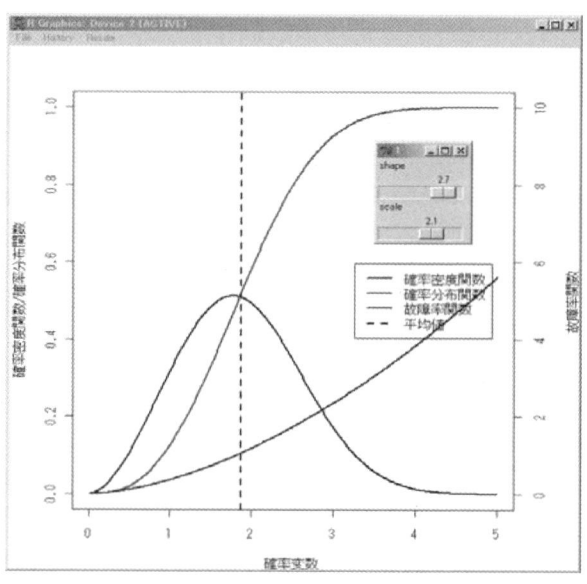

図 1.13 tcltk ライブラリによる GUI の表示例（その 2）

GUI 内に表示される数値が変動し，グラフもその値に応じて変化する．例えば $m = 2.7, \eta = 2.1$ とした結果は図 1.13 のようになる．関数名や母数の値と取り得る範囲，図の描画範囲などを適宜変更すれば，ワイブル分布以外の分布についても同じように表示することが可能である．

1.5.2　rpanel ライブラリを用いた GUI

　tcltk ライブラリは基本的な Tcl/Tk のウィジェットを網羅しており，GUI を自在に構築することができる．しかし，R だけでなく Tcl/Tk の詳細な知識も必要になることから，手軽に GUI を作りたいというニーズを十分に満たすことはできない．そこで，tcltk ライブラリに拡張を施し，できるだけ簡易に GUI を作成する rpanel[*13] [7] というライブラリがある．本節では，これを用いて，前節と同様の GUI 作成を行う．

　例を示す．前節のコードとの差分を中心に説明する．1 行目で rpanel ライブラリをロードするが，これは tcltk ライブラリに対する依存関係があるため，内部で tcltk ライブラリもロードされる．関数 draw.graph() の中身は前節とほとんど同じであり，7〜8 行目でスライダーで変化した値を R の変数に変換する方法だけが異なる．tcltk ライブラリの関数を隠ぺいしているので，Tcl/Tk を知らないユーザにとって理解しやすいものとなる．

　最も異なるのは GUI の作成方法であり，tcltk ライブラリによる方法から大幅に簡略化される．手順は，まず GUI パネルとスライダー用変数を関数 rp.control() で初期化し (30 行目)，次にその GUI パネルに配置するスライダーを関数 rp.slider() で定義するだけである (32〜35 行目)．rp.control() のパラメータには初期化したいスライダー用変数を取り，rp.slider() のパラメータには，前節の tkscale() とほぼ同じものを取る．このコードを実行すると，前節と同じ GUI とグラフが作成される．tcltk ライブラリと異なり，rpanel では細かな調整ができないが，GUI の作成手順がある程度自動化されているため，tcltk ライブラリよりも手軽に GUI が作成可能になる．

```
1  library(rpanel)    ## rpanel ライブラリのロード
2  ## スライダーに対応付けてグラフを描く関数 draw.graph の定義
```

[*13] 標準ライブラリではないため，各人でインストールする必要がある．付録 A 参照．

```
3  ## パラメータには rpanel で初期化するパネル名を取る
4  draw.graph <- function(panel) {
5    par(mar = c(4, 4, 2, 4))
6    ## スライダー用変数 shape と scale を R に渡す
7    shape <-  panel$shape
8    scale <-  panel$scale
9    curve(dweibull(x, shape, scale),          ## 確率密度関数の描画
10         xlim = c(0, 5), ylim = c(0, 1), n = 500, lwd = 2,
11         col = "black", xlab = "確率変数",
12         ylab = "確率密度関数/確率分布関数")
13   curve(pweibull(x, shape, scale),          ## 確率分布関数の描画
14         add = TRUE, n = 500, lwd = 2, col = "blue")
15   curve((dweibull(x, shape, scale) /        ## 故障率関数の描画
16          pweibull(x, shape, scale, lower.tail = FALSE)) / 10,
17         n = 500, lwd = 2, col = "red", add = TRUE)
18   ## 平均値の描画
19   abline(v = scale * gamma(1 + 1 / shape), lty = 2, lwd = 2)
20   axis(4, (0:5) * 2, at = (0:5) * 0.2)       ## 右の軸とラベル
21   mtext("故障率関数", side = 4, line = 3)
22   legend("right",                           ## 凡例の記述
23          c("確率密度関数", "確率分布関数", "故障率関数", "平均値"),
24          col = c("black", "red", "blue", "black"), lwd = 2,
25          lty = c(1, 1, 1, 2), inset = 0.05)
26   ## 指定した panel の呼び出し（必須）
27   panel
28  }
29  ## GUI パネルとスライダー用変数の初期化
30  panel <- rp.control(shape = 1, scale = 1)
31  ## スライダーの定義と GUI パネルへの配置
32  rp.slider(panel, var = shape, from = 0.1, to = 3,
33         resolution = 0.1, showvalue = TRUE, action = draw.graph)
34  rp.slider(panel, var = scale, from = 0.1, to = 3,
35         resolution = 0.1, showvalue = TRUE, action = draw.graph)
```

応用例として，二項分布の確率関数，確率分布関数，故障率関数，平均値を描く GUI を作成するコードを示す．二項分布は離散型分布のため，グラフ

の描画には関数 `points()` や `lines()` を用いる部分が異なる．また，サンプル数 n に対応する関数 `rp.slider()` のパラメータ `resolution` には 1 を指定し，スライダーを動かした値が整数値しか取らないようにしている．

```r
library(rpanel)   ## rpanel ライブラリのロード
## スライダーに対応付けてグラフを描く関数 draw.graph の定義
## パラメータには rpanel で初期化するパネル名を取る
draw.graph <- function(panel) {
  par(mar = c(4, 4, 2, 4))
  ## スライダー用変数 n と rate を R に渡す
  n <- panel$n
  rate <- panel$rate
  x <- 0:n                                      ## 描画範囲の設定
  plot(x, dbinom(x, n, rate), type = "l",       ## 確率関数の描画
       xlab = "確率変数", ylab = "確率関数/確率分布関数",
       xlim = c(0, 10), ylim = c(0, 1))
  points(x, dbinom(x, n, rate), pch = 19, col = "black")
  lines(x, pbinom(x, n, rate), col = "red") ## 確率分布関数の描画
  points(x, pbinom(x, n, rate), pch = 19, col = "red")
  lines(x, (dbinom(x, n, rate) /                ## 故障率関数の描画
           pbinom(x, n, rate, lower.tail = FALSE)) / 50,
        col = "blue")
  points(x, (dbinom(x, n, rate) /
            pbinom(x, n, rate, lower.tail = FALSE)) / 50,
       pch = 19, col = "blue")
  abline(v = n * rate, lty = 2, lwd = 2)        ## 平均値の描画
  axis(4, (0:5) * 10, at = (0:5) * 0.2)         ## 右の軸とラベル
  mtext("故障率関数", side = 4, line = 3)
  legend("right",                               ## 凡例の記述
         c("確率関数", "確率分布関数", "故障率関数", "平均値"),
         col = c("black", "red", "blue", "black"), lwd = 2,
         lty = c(1, 1, 1, 2), inset = 0.05)
  ## 指定した panel の呼出し（必須）
  panel
}
```

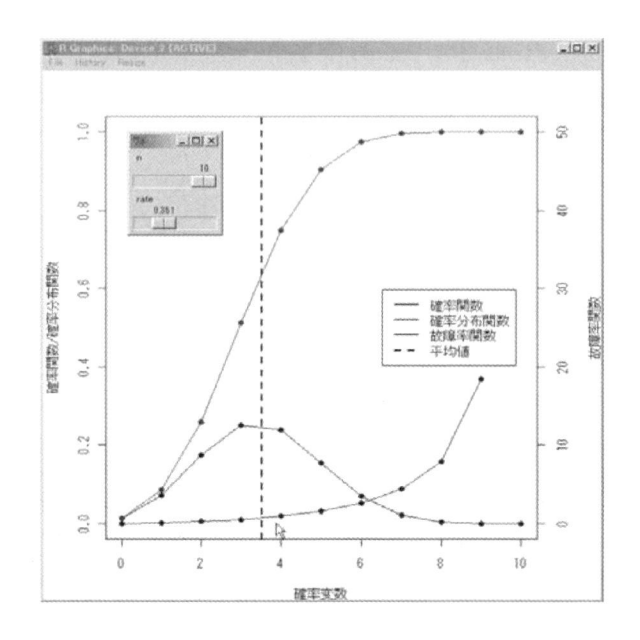

図 1.14 rpanel ライブラリによる GUI の表示例

```
32 ## GUI パネルとスライダー用変数の初期化
33 panel <- rp.control(n = 5, rate = 0.1)
34 ## スライダーの定義と GUI パネルへの配置
35 rp.slider(panel, n, 0, 10, resolution = 1,
36           showvalue = TRUE, action = draw.graph)
37 rp.slider(panel, rate, 0.1, 0.9,
38           showvalue = TRUE, action = draw.graph)
```

このコードを実行した結果は図 1.14 のようになる．サンプル数 $n=10$ での故障率が計算されてないのは，故障率関数の分母が 0 になるためである．

1.6 補足

1.6.1 故障率の計算

本章で説明した信頼性特性値の中で，最も多用されるのは故障率であろう．通信ネットワークの信頼性評価でも，装置ごとに 1 か月単位の平均故障

率を求めることが多い．しかし，その計算方法で見当違いの結果を産むことがある．

例えば，ある通信ネットワークで，同一種別の装置を 1 万台運用していることを考える．議論を簡単にするため，途中で対象とする装置台数は変動しないと仮定する．ある年の 2 月の故障件数は 672 件，翌 3 月の故障件数は 744 件発生したとする．

平均故障率の計算方法として，1 か月の故障件数を配備台数で割った数値をパーセント表示するやり方がある．

この場合は 2 月が 6.72%，3 月が 7.44% となる．一見すると，3 月の故障率が上昇しているように思われるが，正しい計算結果ではない．

1.3.1.2 節で述べた定義から，本来の故障率は単位時間当たりの故障発生率であり，通常は 1 時間を単位時間とする．従って，単位は『/h』であり，うるう年でない場合，定義に従った 2 月の平均故障率 $\bar{\lambda}_\text{Feb}$ は次のようになる（$672 = 28 \times 24$）．

$$\bar{\lambda}_\text{Feb} = \frac{672}{10000 \times 28 \times 24} = 10^{-4} \tag{1.44}$$

3 月についても同様に計算すると，2 月と同じ結果になり，この 2 か月で故障率は変化していないと見るのが正しい．パーセント表示で計算する方が簡単だが，2 月の方が 3 月より 3 日間短いため，見た目の故障件数に違いが生まれ，3 月の故障率が上昇したように見えるのである．その結果，3 月に何か問題が発生しているのではないか，という誤解を招き，実際には発生していない問題を探し回る徒労を産み出す危険性がある．

信頼性特性値の定義や計算式は，意味があってこのような形になっている．まずは基本に忠実に計算することが重要である．

1.6.2 平均の妥当性

信頼性工学では MTBF や MTTR のような平均を計算し，その値を元に特性値の計算を行うことがある．計算自体は定義にのっとっているので問題ないが，平均を求めるという行為自体が，時として意味を持たない場合がある．

図 1.15(a) は，平均 0，分散 1 の正規分布（**1.4.2.2** 節参照）の確率密度関数を示している．破線で示す平均と分布の峰はそれぞれ $x = 0$ の位置にあり，

(a) $N(0, 1)$ の確率密度関数

(b) $N_L(0, 1)$ の確率密度関数

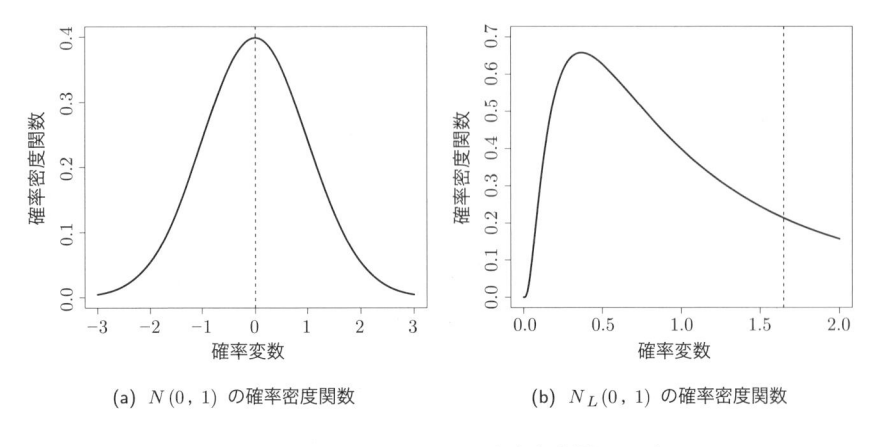

図 1.15 $N(0, 1)$ と $N_L(0, 1)$ の確率密度関数のグラフ

平均がこの分布を代表する値である．

一方，**図 1.15**(b) は対数正規分布 $N_L(0, 1)$ (**1.4.2.3**節参照) の確率密度関数を示す．正規分布の確率密度関数と比較して右のすそが長く，左右非対称な形状である．この場合の平均は $\exp(0 + \frac{1}{2}) \fallingdotseq 1.649$ (破線で示す) であり，$x = 0.4$ 付近にある分布の峰と大きく異なる．これは定義通りの正しい計算結果であるが，この分布の形状を適切に代表した値とはいい難い．更に，得られたデータがこのように右に長くすそを引く分布に従う場合，少量の**外れ値**で，平均は大きく変化する．

一般に，平均の計算を行うと，正規分布の確率密度関数のように，分布の峰の中心となる値を計算しているかのような印象を持つ人が少なくないが，必ずそのような結果になるわけではない．平均は，多数のサンプルの代表値として計算された単一の値に過ぎないため，分布の形状や性質までは的確に反映できないのである．従って，MTBF や MTTR などの平均を用いる信頼性特性値の精度も低下する可能性がある．

信頼性工学に限らず，統計解析の基本は，まずは**ヒストグラム**など様々なグラフを通じて，サンプルの統計的性質を多角的に把握することである．代表値を用いた解析は，その後に行うべき作業である．この意味において，グラフによる視覚化と前節で述べた基本に忠実な計算は両立すべきものであ

補　足

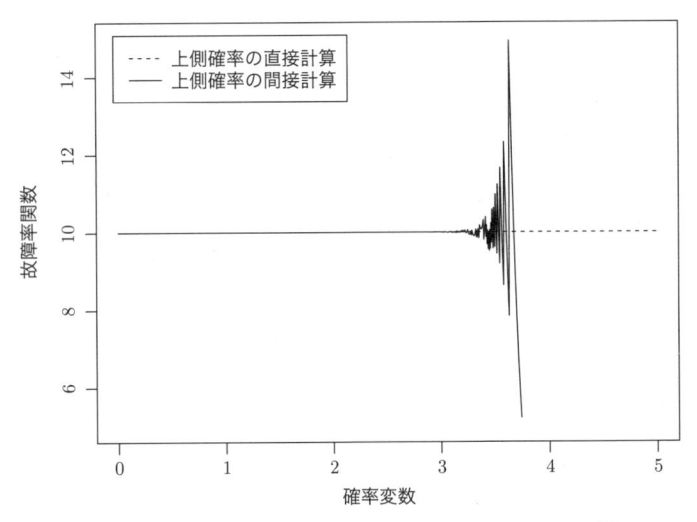

図 1.16 上側確率の計算が故障率に与える影響

り，相反することはない．

1.6.3 R での上側確率の計算

ワイブル分布の場合，R による故障率計算で，信頼度 $R(t)$ は `lower.tail = FALSE` を用いることで，上側確率を直接計算した．デフォルトの `pweibull()` では `lower.tail = TRUE`，つまり下側確率を求める仕様になっている．ただし，上側確率は R の内部でも 1 − 下側確率で計算していない．これを図 1.16 で示す．

図 1.16 と次のコードは，母数 $m = 1, \eta = 0.1$ のワイブル分布の故障率

```
1  curve(dweibull(x, shape = 1, scale = 0.1) /
2      pweibull(x, shape = 1, scale = 0.1, lower.tail = FALSE),
3      n = 1000, xlim = c(0, 5), ylim = c(5, 15),
4      xlab = "確率変数", ylab = "故障率関数")
5  curve(dweibull(x, shape = 1, scale = 0.1) /
6      (1 - pweibull(x, shape = 1, scale = 0.1)),
7      n = 1000, col = "red", add = TRUE)
8  legend("topleft", c("上側確率の直接計算", "上側確率の間接計算"),
9      lwd = 1, col = c("black", "red"), inset = .03)
```

を，2通りの方法で表示する．一方は前述のように上側確率を直接計算して $R(t)$ を得る方法（破線．R コードでは黒実線）であり，他方は下側確率を計算して，1 から引いた値を $R(t)$ とする方法（実線．R コードでは赤実線）である．$m=1$ なので，破線の故障率のように一定値となるはずだが，実線で表した故障率は途中から振動が発生し，最後には発散して表示不能な状態になっている．このように，状況に応じて適切な関数，あるいはそのパラメータを選択しないと正確な計算は行えない．

1.6.4 MTBF の扱い方

1.6.4.1 MTBF と指数分布の関係

通信ネットワークの信頼性を評価する際に，装置の MTBF のカタログ値の逆数を故障率として計算することがあるが，これは式 (1.38) に基づく．つまり，故障間動作時間が指数分布に従うという暗黙の前提があることを忘れてはならない．

また，MTBF は故障間動作時間の平均として定義されるが，**1.3.1.2** 節で述べたような寿命試験を含む各種信頼性試験は中途打切り方式で行われるため，カタログ値の MTBF は装置の実測値の寿命の平均としての意味を持つわけではない．例えば，ある装置の信頼性スペックとして，MTBF が 1 万時間と記載されていたとする．これは，故障寿命，あるいは故障間動作時間の平均が 1 万時間と見るのではなく，その装置を 1 万台そろえて一斉に 1 時間動作させたとき，その間に確率的に 1 台は故障する，と理解すべきである．

平均 $\frac{1}{\lambda}$ に対する指数分布の確率分布関数の値は常に $F(\frac{1}{\lambda}) \fallingdotseq 0.6321$ となる．つまり，修理系の故障間動作時間を計測する場合，測定開始から MTBF の値 $\frac{1}{\lambda}$ に到達するまでに，測定対象となるアイテムの約 63% は故障していることになる．感覚的に 50% であるような印象を持つ人も多いが，これは間違いである．

1.6.4.2 MTBF と故障件数の関係

通信ネットワークを新規に構築する際には，各種装置の開発や購入を伴う．その際には調達条件として各種の仕様を定め，それに適する装置を用いるが，信頼性に関する条件には MTBF を用いることが一般的であろう．値の決め方は，市中製品のリサーチに基づく場合も多いと考えられる．

補　足

　ここで，もう一歩踏み込んで考えてみたい．例えば，MTBF が 1 万時間の装置を 1 万台運用したときに，1 か月（ここでは 30 日と仮定する）の間に何台程度故障するだろうか？

　故障率が指数分布に従うことを仮定すると，1 か月は $24 \times 30 = 720$ 時間なので，その間に故障する台数は

$$10000\,(台) \times \frac{1}{10000}\,(/h) \times 720\,(h) = 720\,(台) \tag{1.45}$$

であると見込まれる．需要予測（装置台数）と保守稼働（人件費），保守費（修理や交換に伴う装置価格）を考慮すると，MTBF の値が適切かどうかを費用面からも判断することができる．

　以上，本章では信頼性工学の概要を説明した．ここでは非常に基本的な内容だけを扱ったため，十分な記述ができなかった箇所もある．信頼性工学の詳細については良質な参考書 [8, 9] もあるので，そちらを適宜参照頂きたい．R に関する入門書としては文献 [10, 11] などの好著がある．また，中級以上のユーザには，文献 [12] が必携であろう．

第2章

信頼性評価の基礎技術

　通信ネットワークの信頼性評価では，大量の故障データを扱う．一般的に，このようなデータはExcelフォーマットで収集される場合が多いものと予想されるが，評価もExcelで行うのは，扱うデータ量が膨大なことと，Excelの統計処理関数の精度が高くないことから，現実的でない．

　本章ではRを利用した効率的な信頼性評価を目的とし，Excelフォーマットで収集されたデータをRに取り込む方法と，信頼性評価で多用する，分布の推定と回帰分析を説明する．分布の推定には最尤法とカーネル密度推定を用いるが，その基礎的な考え方と，Rでの実現方法を説明する．回帰分析は線形回帰分析と非線形回帰分析の2種類について説明する．応用として，非線形回帰分析で得られた結果に適用することを想定し，関数を微分する方法も解説する．

2.1　Excelを経由したデータの操作

　本節では，故障データを取り扱うために，Excelファイルからデータを読み込む方法と，その中に含まれる日付型データを操作する方法を説明する．

2.1.1　Excelファイルの読込み

　例えば，Rから図2.1(a)のようなExcelファイルを読み込むことを考える．『BMI』の列は，E2セルの場合D2/(C2/100)^2という式で計算している．『生年月日』の列は，図2.1(b)のフォーマットで入力している．ポイントは，『表示形式』タブの『分類』が『日付』になっていることである．それ以外

(a) Excel ファイルの画面

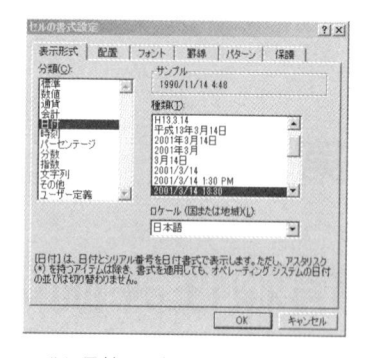

(b) 日付データのフォーマット

図 2.1 サンプルとなるExcelファイル

の全ての数値や文字は，デフォルトの状態で（フォントやセルの位置などを全く変更しないで）入力している．セルの中には余計なスペースを含んではならず，データがない部分は完全な空欄とする．ファイル名は**身長体重**.xls とし，データの入ったワークシートの名前は**データ**とする．このファイルは，R の作業フォルダ（例えば C:\R．付録 A 参照）に置かれているものとし，Excel2007 より前のフォーマットであると仮定する．

R でこのファイルを読み込むには，RODBC ライブラリ [*1] を用い，次のように処理する．

```
> library(RODBC)
> tmp <- odbcConnectExcel("身長体重.xls")
> Data <- sqlQuery(tmp, "select * from [データ$]")
> odbcClose(tmp)
```

1 行目で RODBC ライブラリを呼び出し，2 行目で Excel ファイルへのコネクション tmp を設定している．Excel2007 以降のフォーマットの場合は，関数 odbcConnectExcel() の代わりに odbcConnectExcel2007() を用いる．
3 行目では，関数 sqlQuery() で『データ』ワークシートから **SQL** (Structured Query Language: データベースの操作を行う言語) 命令を用いてデータを抽出し，R の代表的なデータ構造である**データフレーム型**

[*1] 標準ライブラリではないため，各人でインストールする必要がある．付録 A 参照．

（data.frame 型．以後，本書ではデータフレームと呼ぶ）として Data に付値 [*2] している．最後にファイルコネクション tmp を関数 odbcClose() で閉じる．RODBC ライブラリで Excel ファイルを読み込む場合，このようにファイル名やワークシート名，セルの中身に日本語が入っていても問題ない．また，計算式が入っていても，その結果（数値）を読み取ることができる．ただし，RODBC ライブラリで Excel ファイルの操作ができるのは Windows プラットフォームのみである．

ここでは SQL 命令として，『データ』ワークシートから全て（*）を読み込んでいるが，この段階で特定条件に合致するデータだけを抽出することも可能である．性別が男で体重が 70kg 以上のデータだけを抽出する場合には次のようにする．抽出条件の文字列はシングルクォーテーション（'）で囲むことを注意する．バックスラッシュでエスケープしたダブルクォーテーション（\"）ではエラーになる．

```
> tmp <- odbcConnectExcel("身長体重.xls")
> sqlQuery(tmp, "select * from [データ$]
+          where 性別 = '男' and 体重 >= 70")
> odbcClose(tmp)
```

SQL 命令の中で計算もできる．次の例は，SQL 命令の中で BMI の計算を行い，その値が 23 を超えるデータだけを抽出する．元々 BMI を求めているので，その値で比較しても構わないが，SQL 命令の中で計算も行えるという例として示した．

```
> tmp <- odbcConnectExcel("身長体重.xls")
> sqlQuery(tmp, "select * from [データ$]
+          where 体重 / ((身長 / 100) ^ 2) > 23")
> odbcClose(tmp)
```

RODBC ライブラリは Access など，他のデータベースにも対応している．SQL 命令（select, from, where, and など）の使い方も含めて，詳細は文献 [13, 14] を参照のこと．

[*2] 一般的なコンピュータ言語などにおける『代入』と同じ意味．R ではこちらを使う慣習がある

ここまでの段階で，Excel ファイルからデータを抽出し，データフレーム *Data* に付値した．

```
> Data[1:5, ]      ## 初めの 5 行だけ表示
    氏名  性別 身長 体重    BMI         生年月日
1 学生 A01  男  171   66  22.57105  1990-11-14 04:48:00
2 学生 A02  男  173   69  23.05456  1990-05-17 10:04:00
3 学生 A03  男  167   62  22.23099  1990-06-07 01:55:00
4 学生 A04  男  178   73  23.04002  1990-05-19 17:31:00
5 学生 A05  男  169   64  22.40818  1991-01-09 05:45:00
```

見た目には問題なく読み込まれているが，データの型は期待した通りとは限らない．基本的に，外部データベースから読み込まれたデータフレームにおいて，数値はそのまま（ただし見た目が整数であっても *double* 型）となるが，文字列は *factor* 型（**因子型**）になる．以下のコードでその詳細を確認する．*is.character()* は，変数が *character* 型（**文字型**）かどうかを確認する関数である．関数 *is.factor()* と *factor* 型，関数 *is.integer()* と *integer* 型（**整数型**），関数 *is.double()* と *double* 型の関係も同様である．関数 *as.integer()* は，パラメータを整数型に変換する．なお，『生年月日』列の扱いは **2.1.2** 節で述べる．

```
> is.character(Data$氏名)  ## 『氏名』は文字 (character 型) ではない
[1] FALSE
> is.factor(Data$氏名)     ##  factor 型 (見た目文字列だが内部では整数)
[1] TRUE
> as.integer(Data$氏名)    ## 順に整数が割り振られている
 [1]  1  2  3  4  5  6  7  8  9 10 11 12 13 14 15 16 17 18 19 20
> is.factor(Data$性別)     ## 性別も factor 型
[1] TRUE
> Data$性別                ## 表示させると水準 2 の Factor であった
 [1] 男 男 男 男 男 男 男 男 男 男 女 女 女 女 女 女 女 女 女 女
Levels: 女 男
> as.integer(Data$性別)    ## 『男』『女』に数字が割り振られている
 [1] 2 2 2 2 2 2 2 2 2 2 1 1 1 1 1 1 1 1 1 1
>                          ## 男/女 と 1/2 の対応は，常にこうではない
```

```
> is.integer(Data$身長)     ## 身長は整数ではない．体重も同じ
[1] FALSE
> is.double(Data$身長)      ## 身長は double 型
[1] TRUE
> is.double(Data$BMI)       ## BMI 値も double 型
[1] TRUE
```

今回の例で，氏名を factor 型とする意味はない[*3]ので，関数 as.character() で character 型に変換する．

```
> Data$氏名 <- as.character(Data$氏名)
```

先ほど，関数 sqlQuery() で特定のデータを抽出する方法について述べたが，読み込んだデータフレーム Data からも，関数 subset() を用いて同様の操作が行える．

```
> subset(Data, 性別 == "男" & 体重 >= 70) ## 『"男"』は『'男'』でも OK
   氏名  性別 身長 体重    BMI    生年月日
4  学生A04  男  178   73  23.04002 1990-05-19 17:31:00
7  学生A07  男  177   74  23.62029 1990-04-10 23:31:00
10 学生A10  男  174   71  23.45092 1990-08-20 13:26:00
```

余談になるが，論理積（&, &&），論理和（|, ||）と条件分岐（if(), ifelse()）について触れる．論理積と論理和の 2 種類の記号の意味の違いは，対象とするオブジェクトがベクトルかスカラーかの違いに対応する．これを理解してないと，条件分岐に if() か ifelse() のどちらを使うべきか分からなくなる．R では，ほとんどの関数がベクトル化（パラメータにベクトルを取れること）されているが，if() だけは例外的にベクトル化されてない．ベクトルをパラメータとする場合には ifelse() と &, | を用いなければならない．

```
> A <- c(TRUE, TRUE, FALSE, FALSE)   ## 2 種類の論理ベクトルを定義する
> B <- c(TRUE, FALSE, TRUE, FALSE)
> A & B    ## ベクトルの論理積（答えも論理ベクトルになる）
[1] TRUE FALSE FALSE FALSE
> A | B    ## ベクトルの論理和（答えも論理ベクトルになる）
```

[*3] factor 型のままとする方が解析が容易な場合もある．

```
[1] TRUE    TRUE    TRUE FALSE
> A && B    ## A, Bの第一要素だけを比較する
[1] TRUE
> A || B    ## A, Bの第一要素だけを比較する
[1] TRUE
> ifelse(A & B, "TRUE", "FALSE")    ## 条件分岐のベクトル版
[1] "TRUE"  "FALSE" "FALSE" "FALSE"
> if(A & B) "TRUE" else "FALSE"     ## if はベクトル化されてない（警告）
[1] "TRUE"
Warning message:
In if (A & B) "TRUE" else "FALSE" :
  the condition has length > 1 and only the first element
  will be used
> if(A && B) "TRUE" else "FALSE"    ## 警告なし（A && B はスカラー）
[1] "TRUE"
```

2.1.2 日付型データの操作

次に，日付型データの操作方法について説明する．先ほどのデータフレーム Data において扱わなかった『生年月日』列を確認する．関数 typeof() や関数 class() でデータの型（クラス）を確認できる．

```
> is.character(Data$生年月日)  ## 生年月日は文字列ではない
[1] FALSE
> is.factor(Data$生年月日)     ## factor 型でもない
[1] FALSE
> typeof(Data$生年月日)        ## double 型であった
[1] "double"
> Data$生年月日                ## 表示上は文字列となる
 [1] "1990-11-14 04:48:00 JST" "1990-05-17 10:04:00 JST"
 [3] "1990-06-07 01:55:00 JST" "1990-05-19 17:31:00 JST"
 [5] "1991-01-09 05:45:00 JST" "1991-02-19 09:07:00 JST"
 [7] "1990-04-10 23:31:00 JST" "1991-03-30 08:38:00 JST"
 [9] "1990-08-03 02:09:00 JST" "1990-08-20 13:26:00 JST"
[11] "1991-01-28 11:31:00 JST" "1991-01-18 07:40:00 JST"
[13] "1991-03-09 10:33:00 JST" "1991-01-18 08:24:00 JST"
[15] "1990-12-30 06:28:00 JST" "1991-01-23 11:02:00 JST"
```

```
[17] "1990-12-31 02:52:00 JST" "1990-11-06 01:26:00 JST"
[19] "1990-06-02 06:28:00 JST" "1990-05-20 22:33:00 JST"
> as.double(Data$生年月日)      ## 見た目も double 型に直すとこうなる
 [1]  658525680 642906240 644691300 643105860 663367500 666922020
 [7]  639757860 670289880 649616940 651126360 665029860 664152000
[13]  668482380 664154640 662506080 664596120 662579520 657822360
[19]  644275680 643210380
> class(Data$生年月日)          ## 型（クラス）は POSIXt/POSIXct
[1] "POSIXct" "POSIXt"
```

これを R の上で扱うには幾つかの方法がある．現段階の Data$生年月日 も
日付型（POSIXct 型 [*4]）であり，このまま操作することもできるが，ここで
は文献 [15] の勧めに従い，操作が比較的容易といわれる chron ライブラリ[*5]
を用いる．

```
> library(chron)
> as.chron(Data$生年月日)
 [1] (11/13/90 19:48:00) (05/17/90 01:04:00) (06/06/90 16:55:00)
 [4] (05/19/90 08:31:00) (01/08/91 20:45:00) (02/19/91 00:07:00)
 [7] (04/10/90 14:31:00) (03/29/91 23:38:00) (08/02/90 17:09:00)
[10] (08/20/90 04:26:00) (01/28/91 02:31:00) (01/17/91 22:40:00)
[13] (03/09/91 01:33:00) (01/17/91 23:24:00) (12/29/90 21:28:00)
[16] (01/23/91 02:02:00) (12/30/90 17:52:00) (11/05/90 16:26:00)
[19] (06/01/90 21:28:00) (05/20/90 13:33:00)
```

POSIXct 型の Data$生年月日 を，chron 型の日付型オブジェクトに変換す
る関数 as.chron() で変換すると，元のデータから 9 時間遅れている．これ
はタイムゾーンの違いに原因があり，as.chron() で chron 型のオブジェク
トにする際に，強制的に**協定世界時**（Universal Time, Coordinated: **UTC**）
に変換されるためである．

原因がタイムゾーンにあることを確認する．まず，次のコードを test.R
としてファイルに保存する（**付録 D 参照**）．場所は R の作業フォルダ（例え

[*4] POSIXt 型は POSIXct 型と POSIXlt 型の両者を含むである．詳細は文献 [12, 15] を参
照のこと．
[*5] 標準ライブラリではないため，各人でインストールする必要がある．付録 A 参照．

ば C:\R. 付録 A 参照）とし，先程の**身長体重**.xls と同じ場所にしておく．コードの中身は，関数 *sink()* で出力先をファイル *output.txt* に切り替え，*chron* 型のオブジェクトに変換する前後での生年月日の違いを見る．最後にパラメータのない *sink()* で出力先をデフォルトに戻す．

```
1  library(RODBC)    ## 既に呼び出していれば不要（chron も）
2  library(chron)
3  tmp <- odbcConnectExcel("身長体重.xls")
4  dat <- sqlQuery(tmp, "select * from [データ$]")
5  odbcClose(tmp)
6  sink("output.txt")
7  print(dat$生年月日[1:6])
8  print(as.chron(dat$生年月日)[1:6])
9  sink()
```

次に，Windows のメニューからコマンドプロンプトを開き，作業フォルダに移動して次のように入力すると，同じフォルダに output.R というファイルが作成される．

```
C:\R> Rscript test.R TZ=UTC LANG=C
```

Rscript は R コードを実行するコマンドである．-e で実行させたい R コマンド（**表現式**）を渡すこともでき，Rcmd BATCH よりも柔軟である．TZ = UTC で，このセッションのタイムゾーン（TZ）だけを UTC に指定して R を起動する．LANG = C は，表示されるメッセージの文字化けを防ぐためである．なお Rcmd BATCH で同様の処理を行うと，TZ の変更が反映されない．

作成された output.txt は次のようになる．初めの 3 行は Excel から読み込んだ元データ，後の 2 行は *chron* 型のオブジェクトに変換した結果である．タイムゾーンが JST で表示される**日本標準時**（Japan Standard Time: JST）から UTC に変更されている．また，*as.chron()* で変換された結果も時刻のずれがない．

```
[1] "1990-11-14 04:48:00 UTC" "1990-05-17 10:04:00 UTC"
[3] "1990-06-07 01:55:00 UTC" "1990-05-19 17:31:00 UTC"
[5] "1991-01-09 05:45:00 UTC" "1991-02-19 09:07:00 UTC"
```

```
[1] (11/14/90 04:48:00) (05/17/90 10:04:00) (06/07/90 01:55:00)
[4] (05/19/90 17:31:00) (01/09/91 05:45:00) (02/19/91 09:07:00)
```

Rscript 起動時の TZ を UTC の代わりに "Pacific/Honolulu" にすると，ハワイ時間での計算が行われる（UTC はハワイより 10 時間進んでいる）．

```
[1] "1990-11-14 04:48:00 HST" "1990-05-17 10:04:00 HST"
[3] "1990-06-07 01:55:00 HST" "1990-05-19 17:31:00 HST"
[5] "1991-01-09 05:45:00 HST" "1991-02-19 09:07:00 HST"
[1] (11/14/90 14:48:00) (05/17/90 20:04:00) (06/07/90 11:55:00)
[4] (05/20/90 03:31:00) (01/09/91 15:45:00) (02/19/91 19:07:00)
```

日本標準時の場合は，Rscript をコマンドラインから起動する際に，TZ = "" とするか，次のように TZ 自体を指定しないことで対応できる．

```
C:\R> Rscript test.R LANG=C
```

こうすると，現在の OS 側のタイムゾーン（Sys.timezone()で確認できる）を用いて処理を行う．

```
> Sys.timezone()
[1] "JST"
```

本問題への対処は，遅れた時間を進めることである．

```
> as.chron(Data$生年月日) + 3 / 8    ## 9 時間は 9/24=3/8 日
 [1] (11/14/90 04:48:00) (05/17/90 10:04:00) (06/07/90 01:55:00)
 [4] (05/19/90 17:31:00) (01/09/91 05:45:00) (02/19/91 09:07:00)
 [7] (04/10/90 23:31:00) (03/30/91 08:38:00) (08/03/90 02:09:00)
[10] (08/20/90 13:26:00) (01/28/91 11:31:00) (01/18/91 07:40:00)
[13] (03/09/91 10:33:00) (01/18/91 08:24:00) (12/30/90 06:28:00)
[16] (01/23/91 11:02:00) (12/31/90 02:52:00) (11/06/90 01:26:00)
[19] (06/02/90 06:28:00) (05/20/90 22:33:00)
```

後の再利用も考えて，次のような一行関数 trans.chron() を作る．

```
> trans.chron <- function(x) as.chron(x) + 3 / 8
> Data$生年月日 <- trans.chron(Data$生年月日)
```

chron 型のオブジェクトは，加減算や大小比較が通常の算術式で計算できる[*6]．

[*6] POSIXct 型のオブジェクトでも可能ではある．

加算については一部示したが，以下のような計算が行える．1 行目では 1 番目と 2 番目の生年月日の差分を計算している．単なる減算の結果は *times* 型になり，2 行目の計算で警告が出るため，*double* 型に変換したものを *Diff* に付値する．2 行目では検算の意味で，1 番目の生年月日から *Diff* を引いた結果が，2 番目の値に一致することを確認している．逆に 2 番目の生年月日に *Diff* を加えると，1 番目の値に一致する．次に，特定日時の *chron* 型オブジェクト *border* を作り，生年月日と *border* の大小関係を比較している．パラメータ *dates* と *times* で日付と時刻を表す文字列を指定し，*format* でその書式を指定する．この場合，生年月日が *border* より後なら *TRUE* となる．

```
> Diff <- as.double(Data$生年月日 [1] - Data$生年月日 [2])
> Data$生年月日 [1] - Diff
[1] (05/17/90 10:04:00)
> Data$生年月日 [2] + Diff
[1] (11/14/90 04:48:00)
> border <- chron(dates = "90/7/01", times = "00:00:00",
+                 format = c(dates = "y/m/d", times = "h:m:s"))
> Data$生年月日 >= border
 [1] TRUE FALSE FALSE FALSE TRUE TRUE FALSE TRUE TRUE TRUE
[11] TRUE TRUE TRUE TRUE TRUE TRUE TRUE TRUE FALSE FALSE
```

なぜ後なら *TRUE* になるかについて説明する．一般に，日付型データは特定日時を基準とした経過日数という形で扱われている．Excel の場合，1900/1/1 0:00:00 を基準としている．これは，新しいワークシートで任意のセルに 1 と入力し，そのフォーマットを日付形式に直すと明らかである．一方，UNIX 系 OS と *chron* ライブラリでは，1970/1/1 0:00:00 を基準とする[7]．前述の *border* より後の日付は，基準日時からの経過日数が大きな値となる．

なお，Excel の『セルの書式設定』(図 2.1(b)) でロケールを選択する欄があるが，これを変更しても上記の問題は解決しない．R が認識するタイムゾーンが重要なのである．

---

[7] *as.chron(0)* で確認できる．

chron オブジェクトにしておくと，加減算や大小比較の他に，次のような利点がある．一つは，指定した区間で分類する関数 cut() が使える．例えば生年月日を月単位で集計したいときには次のようにする．集計には作表関数 table() を用いている．

```
> table(cut(Data$生年月日, "months"))
Apr 90 May 90 Jun 90 Jul 90 Aug 90 Sep 90 Oct 90 Nov 90 Dec 90
     1      3      2      0      2      0      0      2      2
Jan 91 Feb 91 Mar 91
     5      1      2
```

また，規則的なベクトルを作る関数 seq() も使える．先ほどの border を起点として 1 か月単位（by = "month"）の日付を三つ（length = 3）含む日付型ベクトルを作る．

```
> seq(border, by = "months", length = 3)
[1] (90/07/01 00:00:00) (90/08/01 00:00:00) (90/09/01 00:00:00)
```

POSIXct 型の日付型オブジェクトでも同じような操作は可能だが，タイムゾーンを意識した操作をしなければならない．今回のような場合，タイムゾーンが異なるデータを同時に扱うことはないので，その手間を省くために chron ライブラリを用いた．

　本節で触れた cut() や seq()，これまでに出てきた plot()，2.3.1 節で出る summary() など，対象とするオブジェクトの中身に応じた類似の処理を単一の関数で代表させる仕組みを R は備えている．このような関数のことを**総称関数**（generic function）という．実際には，総称関数が呼ばれると，対象とするオブジェクトの型（クラス）に応じた**メソッド関数**（method function）が内部で呼び出される．この仕組みのことを**メソッド選択適用**（method dispatch）という．例えば，総称関数 func() に class 型のオブジェクトが与えられると，内部で func.class() という名前の関数が呼び出される．複数の型 "first"，"second" を持つオブジェクトの場合，関数 func.first()，func.second() の順に呼び出して適用する．いずれも見つからなければ，func.default() という名前の関数を呼び出す．

　例えば，chron 型に変換する前の Data$生年月日は POSIXt，POSIXct と

いう二つの型（クラス）を持っていた．この（変換前の）オブジェクトを総称関数 *cut()* に渡すと，メソッド関数 *cut.POSIXt()* が呼び出される．

総称関数とメソッド関数については，**2.3.3**節でも触れる．

2.2 分布の推定

得られたデータの分布を推定することを考える．その方法には，**パラメトリック**な方法と**ノンパラメトリック**な方法の二つがある．パラメトリックな方法とは，母集団の分布に仮定を置く方法であり，なるべく少ないパラメータ（母数）で適切な結果を得ることを狙いとする．一方，ノンパラメトリックな方法は，そのような仮定を置かない方法であり，パラメータの多さを問題としないという立場を取る．例えば，あるデータが与えられたとき，それが正規分布に従うことを仮定して，その母数（平均，分散）を推定する方法はパラメトリックであり，分布を仮定しないで分析する方法はノンパラメトリックである．ここではパラメトリックな方法として最尤法を用いた密度推定を，ノンパラメトリックな方法としてカーネル密度推定を説明する．

2.2.1 最尤法（さいゆう法）

本節では，与えられたデータが混合正規分布に従うと仮定し，その母数（混合比，各正規分布の平均と分散）を最尤法で推定する方法を説明する．まず，平均 μ，分散 σ^2 の正規分布の確率密度関数 $f(x; \mu, \sigma^2)$ を次式で表す．

$$f(x; \mu, \sigma^2) = \frac{1}{\sqrt{2\pi}\sigma} \exp\left\{-\frac{(x-\mu)^2}{2\sigma^2}\right\} \tag{2.1}$$

1.4.2.2 節の式 (1.39) では $f(x)$ としたが，ここで推定したいのは母数であるため，このような表記を行う．このとき，モデル数 2 で混合比が $p : 1-p$，それぞれの平均と分散が $\mu_1, \sigma_1^2, \mu_2, \sigma_2^2$ である混合正規分布の確率密度関数 $g(x; p, \mu_1, \sigma_1^2, \mu_2, \sigma_2^2)$ は以下のようになる．

$$g(x; p, \mu_1, \sigma_1^2, \mu_2, \sigma_2^2) = p \cdot f(x; \mu_1, \sigma_1^2) + (1-p) \cdot f(x; \mu_2, \sigma_2^2) \tag{2.2}$$

$\theta = (p, \theta_1, \theta_2)$，$\theta_1 = (\mu_1, \sigma_1^2)$，$\theta_2 = (\mu_2, \sigma_2^2)$ と母数をベクトルとしてまとめると，上式はこのようになる．

分布の推定

$$g(x;\theta) = p \cdot f(x;\theta_1) + (1-p) \cdot f(x;\theta_2) \tag{2.3}$$

ここで，この分布に従う n 個の独立な標本 $\{x_1,\ldots,x_n\}$ の確率密度関数は次式で表される．

$$g(x_1,\ldots,x_n;\theta) = \prod_{i=1}^{n}\bigl(p \cdot f(x_i;\theta_1) + (1-p) \cdot f(x_i;\theta_2)\bigr) \tag{2.4}$$

$g(x_1,\ldots,x_n;\theta)$ で，$x_1,\ldots,x_n$ を定数として θ の関数とみなしたものを『**尤度（ゆう度）**』あるいは『**尤度関数**』と呼び，$L(\theta)$ と表す．

最尤法は，この尤度 $L(\theta)$ を最大にする θ を推定する．つまり，標本 $x_1,\ldots,x_n$ が与えられたときに，その母集団分布を表す「最も尤も（もっとも）らしい」母数 θ を求める方法である．実際には，尤度 $L(\theta)$ ではなく**対数尤度** $\ln L(\theta)$ を用る．$\ln L(\theta)$ の各母数での偏微分を 0 とした式を連立方程式として解き，得られた値を各母数の推定値（**最尤推定量**）とする．対数変換するのは，積が和になり計算が簡略化できるためである．上式を対数変換した $\ln L(\theta)$ は以下のようになる．

$$\ln L(\theta) = \sum_{i=1}^{n} \ln\bigl(p \cdot f(x_i;\theta_1) + (1-p) \cdot f(x_i;\theta_2)\bigr) \tag{2.5}$$

例えば，n 個の標本 $\{x_1,\ldots,x_n\}$ が与えられたとき，それが母数 $\theta = (\mu,\sigma^2)$ の正規分布に従うと仮定した対数尤度は，次のように計算される．

$$\begin{aligned}
\ln L(\theta) &= \sum_{i=1}^{n} \ln\bigl(f(x_i;\theta)\bigr) \\
&= \sum_{i=1}^{n} \left\{ \ln\sqrt{\frac{1}{2\pi\sigma^2}} + \frac{1}{2}\left(\frac{x_i-\mu}{\sigma}\right)^2 \right\} \\
&= -\frac{n}{2}\ln(2\pi\sigma^2) - \frac{1}{2\sigma^2}\sum_{i=1}^{n}(x_i-\mu)^2
\end{aligned} \tag{2.6}$$

$\ln L(\theta)$ が最大となるのは

$$\begin{cases} \dfrac{\partial \ln L(\theta)}{\partial \mu} = 0 \\ \dfrac{\partial \ln L(\theta)}{\partial \sigma^2} = 0 \end{cases} \quad (2.7)$$

のときであり，この連立方程式の解，すなわち最尤推定量 $\hat{\mu}, \hat{\sigma}^2$ は次のようになる．

$$\hat{\mu} = \frac{1}{n}\sum_{i=1}^{n} x_i \quad (2.8)$$

$$\hat{\sigma}^2 = \frac{1}{n}\sum_{i=1}^{n}(x_i - \hat{\mu})^2 \quad (2.9)$$

つまり，ある標本が正規分布に従うと仮定したときの最尤推定量は，$\hat{\mu}$ が標本平均，$\hat{\sigma}^2$ が標本分散になることを意味する．ちなみに，このときの対数尤度は次のようになる．

$$\ln L(\theta) = -\frac{n}{2}\ln(2\pi\hat{\sigma}^2) - \frac{n}{2} \quad (2.10)$$

2.2.2 カーネル密度推定

カーネル密度推定は，データの母集団分布に仮定を置かずに確率密度関数を推定する方法である．同一な分布に従う独立した標本 $x_1, \ldots, x_n$ に対して，その確率密度関数の**カーネル密度** $\hat{f}_K(x)$ は次式で求められる．

$$\hat{f}_K(x) = \frac{1}{nh}\sum_{i=1}^{n} K\left(\frac{x - x_i}{h}\right) \quad (2.11)$$

K は**カーネル関数**，h は**バンド幅**である．K としては標準正規分布の確率密度関数（式 (1.40)）が多用される．以後の説明でもこれを用いる．

図 2.2 を用いて説明する．例えば，標本として $\{x_1 = 2, x_2 = 4, x_3 = 8\}$ が与えられたとする．このとき，バンド幅を 2 とすると，本図のように平均 x_i ($i = 1, 2, 3$)，分散 2 の正規分布の確率密度関数を描き（三つの破線），そ

分布の推定　　　　　　　　　　　　　　　59

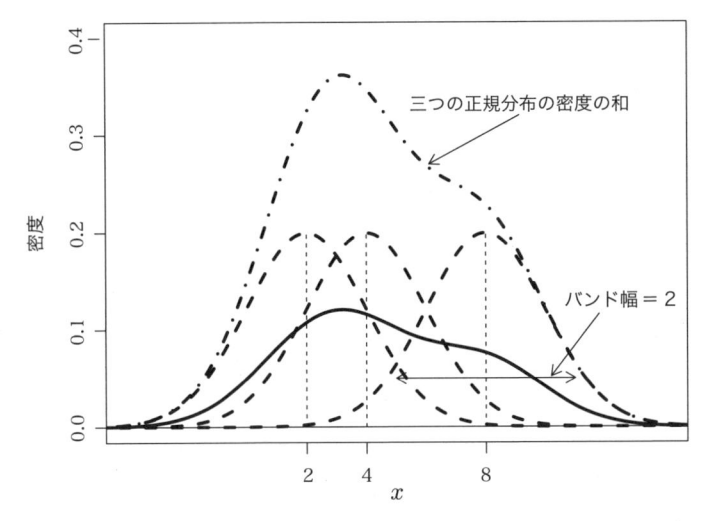

図 2.2　カーネル密度分布の考え方

の総和（一点鎖線）を，確率密度として面積が 1 になるように 3 で割ったもの（実線）がカーネル密度となる．分布の形状が分からないときに，その概形を把握する手段として有効な方法であり，R でも関数 density() が存在する．本図のカーネル密度に対応させるグラフを描くには次のようにする．バンド幅 bw を指定しない場合，決められた方法で計算したものが使われる．

```
> x <- c(2, 4, 8)           ## 標本の設定
> plot(density(x, bw = 2))  ## bw はバンド幅
```

2.2.3　R での実装と分析例

R で最尤法を計算する[*8] 関数はデフォルトでは存在しない．しかし，汎用最適化関数 optim() を使うことで数値解析が行える．次のコードは 2.2.1 節で数式を説明した，2 モデル混合正規分布の推定を最尤法で行う関数である．本コードは文献 [16] を参考に作成したが，文献 [16] の対数尤度を計算する関数は正規化を行っており感覚的に分かりにくいため，式 (2.4) を用いている．

[*8] 偏微分を代数計算して答えを出すという意味で

```
1  opt.mix2 <- function(x.org, p0){
2    mix.obj <- function(p, x){
3      e <- p[1] * dnorm(x, p[2], p[3]) +
4          (1 - p[1]) * dnorm(x, p[4], p[5])
5      if(any(e <= 0)) Inf else -sum(log(e))
6    }
7    return(optim(p0, mix.obj, x = x.org))
8  }
```

mix.obj() は対数最尤度を計算する目的関数である．x は標本（データベクトル）が入るので，e もベクトルになる．5 行目は，計算結果の暴走を防ぐストッパーに相当する．この行について補足する．最尤法は（対数）尤度を最大化するが，optim() はデフォルトで目的関数を最小化する仕様のため，対数尤度を計算する部分にマイナスを付けている（-sum(log(e)) の部分）．

最終行で，目的関数 mix.obj() に対し，標本 x.org を用いて p0 を最適化する．ここで p0 は混合比，各正規分布の平均，分散からなる母数ベクトルである．optim() は，パラメータ method で**数値解析**の方法を選択でき，デフォルトでは Nelder-Mead 法（"Nelder-Mead"）と呼ばれる，比較的頑強で収束が早いといわれる方法を用いる．これ以外に選択できる解法には，**準ニュートン法**（"BFGS"），**共役勾配法**（"CG"），**方形制約法**（"L-BFGS-B"），**焼きなまし法**（"SANN"）の四つがある．詳細は文献 [17] を参照のこと．

目的関数を最大化するには，5 行目の -sum(log(e)) を sum(log(e)) に修正し，7 行目の optim() に control = list(fnscale = -1) を加える．optim() で目的関数の最大化を行うとき，fnscale は負の値であればよい．なぜなら，optim() は内部で目的関数（今の場合は mix.obj）を fnscale で割ったものを最小化するからである．以後の例では最大化は行わず，上で定義した関数 opt.mix2() をそのまま用いる．

次に，作成したコードの動作確認を行う．ここでは，2 モデル混合正規分布に従う乱数を発生させ，それらから混合正規分布の母数を最尤法で推定する．例えば，以下のような関数 rmixnorm() を定義する．n は生成する乱数の個数，p は混合比，N1 と N2 は，それぞれの正規分布の平均と分散を対にした数値ベクトル（母数）である．2 行目の n1 は N1 に従う乱数の個数で

あり，3〜4行目で母数 N1 に基づく n1 個の正規乱数と，N2 に基づく n - n1 個の正規乱数を生成する．R の関数は，明示的に関数 return() を呼び出さない場合，最終行の値が戻り値になる．

```
1  rmixnorm <- function(n, p, N1, N2) {
2    n1 <- sum(runif(n) < p)
3    c(rnorm(n1, m = N1[1], s = N1[2]),
4      rnorm(n - n1, m = N2[1], s = N2[2]))
5  }
```

以上の関数を用いて，実際の処理を行う．まず，同じ結果を得るために関数 set.seed() で乱数のシードを固定する．次に，正規分布 $N(\mu_1 = 0, \sigma_1^2 = 1)$, $N(\mu_2 = 3, \sigma_2^2 = 1.5)$ を $p = 0.4$ で混合した混合正規分布に従う乱数（標本）を1万個生成し，x に付値する．最後に最尤法で母数の推定を行い，その結果を opt.x に付値している．opt.mix2() の母数の初期値は上記の値 ($p = 0.4$, $\mu_1 = 0$, $\sigma_1^2 = 1$, $\mu_2 = 3$, $\sigma_2^2 = 1.5$) を流用した．一般に，数値解析は初期値に依存し，経験的な設定が必要である．

```
> set.seed(1)
> x <- sort(rmixnorm(10000, 0.4, c(0, 1), c(3, 1.5)))
> opt.x <- opt.mix2(x, p0 <- c(p1 = 0.4, u1 = 0, s1 = 1,
+                              u2 = 3, s2 = 1.5))
```

分析結果を次の R コードで作成するグラフで確認する．x のヒストグラムと，元の混合正規分布の確率密度関数を黒色で描いている．ヒストグラムは関数 hist() で作成される．パラメータ breaks = "Scott" はヒストグラムの区切り幅の決め方を指定するもので，デフォルトでは Sturges [18] の方法が用いられる．しかしこの方法は提案された時期が古く，データが二項分布から遠ざかるほど当てはめが悪くなることが知られているため，Scott [19] の方法を用いている．なお，MASS ライブラリ [*9] の関数 truehist() は，デフォルトで Scott の方法を用いている．次に，最尤法による推定を行った opt.x から，推定した母数だけを抜き出して[*10] par.x に付値する．これを

[*9] デフォルトでインストールされている．
[*10] optim() の戻り値は様々な数値解析の結果が入ったリスト．

```
1  hist(x, freq = FALSE, breaks = "Scott", xlim = c(-3, 8),
2       ylim = c(0, 0.2), main = "", xlab = "x", ylab = "密度")
3  curve(0.4 * dnorm(x, mean = 0, sd = 1) +
4        0.6 * dnorm(x, mean = 3, sd = 1.5),
5        lwd = 3, add = TRUE)
6  par.x <- opt.x$par ## 最尤法の推定結果から，推定した母数だけを抜き出す
7  curve(par.x[1] * dnorm(x, mean = par.x[2], sd = par.x[3]) +
8        (1 - par.x[1]) * dnorm(x, mean = par.x[4], sd = par.x[5]),
9        lwd = 3, col = "red", add = TRUE)
10 lines(density(x), lwd = 3, col = "blue")
11 legend("topright",
12        c("元の確率密度関数", "最尤法での推定結果", "カーネル密度"),
13        col = c("black", "red", "blue"),
14        lwd = 3, inset = 0.03, cex = 0.8)
```

用いた混合正規分布の確率密度関数（推定結果）を赤色で描く．最後にdensity() によるカーネル密度を青色で重ねる．本コードの結果は図 2.3 に示すが，混合正規分布の確率密度関数の推定結果を破線で，カーネル密度を一点鎖線でそれぞれ表している．

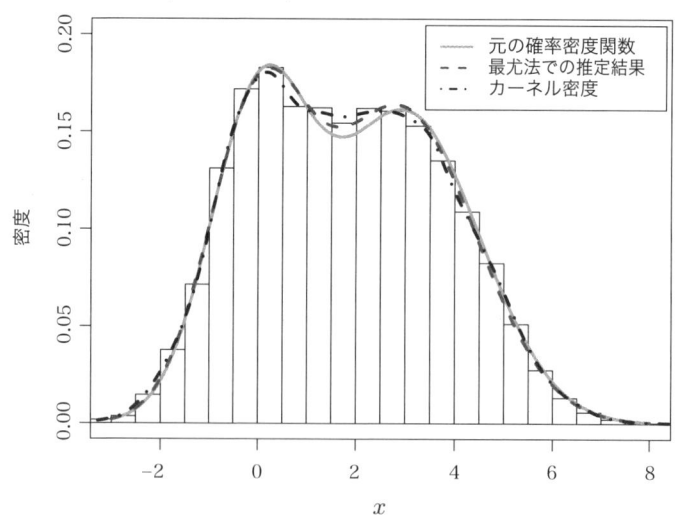

図 2.3 乱数のヒストグラムと混合正規分布の推定結果

最尤法で推定した確率密度関数の適切さを確認するには，**赤池の情報量基準**（Akaike's Information Criterion: **AIC**）や**ベイズ情報量基準**（Bayesian Information Criterion: **BIC**）などの対数尤度に基づく尺度を用いるのが一般的である．AIC, BIC は，自由パラメータ数を k，標本数を n とすると下式で定義される．両者の違いは右辺第 2 項のみであり，値が小さいほど適切であるとみなす．

$$\text{AIC} = -2\ln L(\theta) + 2k \tag{2.12}$$

$$\text{BIC} = -2\ln L(\theta) + \ln(n)k \tag{2.13}$$

R には，これらを計算する関数 `AIC()` と `stats4` ライブラリ[*11]の `BIC()` が用意されているが，`optim()` の結果をそれらに渡すことができない．そこで，以下のコードのように直接計算する．求めた対数尤度は符号を反転して最小化しているため，第 1 項の係数は −2 ではなく 2 として整合を図る．また，自由パラメータ数は母数の数に等しいと仮定している．R での計算の詳細は **2.3.2** 節で述べる．

```
> 2 * opt.x$value + 5 * log(length(x))  ## BIC の場合
[1] 41244.98
```

なお，最尤法による分布の推定を行う関数には，`MASS` ライブラリに関数 `fitdistr()` がある．使い方はこちらの方が簡単な面もあるが，基本的には `optim()` のラッパー関数であることと，`optim()` の操作方法を知っておく方が応用性が高いため，本書では扱わない．

2.2.4　混合分布の計算

パラメトリックな方法で分布を推定すると，それに従う乱数を生成できる利点がある．**1.4** 節でも述べたように，一般的な確率分布の擬似乱数，確率密度／確率関数，確率分布関数，クォンタイル関数は R で定義されており，分布の名前の前にそれぞれ `r, d, p, q` が付く決まりがある．

しかし混合分布は R で用意されてないので，必要に応じて同様の関数を自作することになる．本節でこれまで議論したモデル数 2 の混合正規分布の場合，R コードは次のようになる．乱数を返す関数は前節で定義した

[*11] デフォルトでインストールされている．

rmixnorm() であり，各関数のパラメータ（qmixnorm() の q を除く）も rmixnorm() と揃えている．

```
1  dmixnorm <- function(x, p, N1, N2)
2    p * dnorm(x, mean = N1[1], sd = N1[2]) +
3    (1 - p) * dnorm(x, mean = N2[1], sd = N2[2])
4  pmixnorm <- function(x, p, N1, N2)
5    p * pnorm(x, mean = N1[1], sd = N1[2]) +
6    (1 - p) * pnorm(x, mean = N2[1], sd = N2[2])
7  qmixnorm <- function(q, p, N1, N2)
8    uniroot(function(x) pmixnorm(x, p, N1, N2) - q,
9            c(-1.0e+5, 1.0e+5))$root
```

dmixnorm() は，dnorm() を混合分布の定義通りに組み合わせている．pmixnorm() についても，dmixnorm() と同様の処理を pnorm() を使って行っている．qmixnorm() は pmixnorm() の逆関数で，所与の p, N1, N2 と確率 q に対して，

$$pmixnorm(x, p, N1, N2) - q = 0 \tag{2.14}$$

となる x を返す．具体的には式 (2.14) を x の単変数方程式とみなし，区間 $[-10^5, 10^5]$ の範囲内での解を，一変数関数の数値解を求める関数 uniroot() で得る．uniroot() の戻り値は，解以外の各種の値も含む**リスト型**（list 型）なので，必要な値（root）だけを uniroot(...)$root で抽出する．rmixnorm() の使用例と dmixnorm() のグラフは割愛し，pmixnorm() と qmixnorm() の使用例を以下に示す．それぞれが互いの逆関数となる．

```
> (X <- pmixnorm(6, 0.4, c(0, 1), c(3, 1.5)))
[1] 0.98635
> qmixnorm(X, 0.4, c(0, 1), c(3, 1.5))
[1] 6
```

このように，モデル数が固定されている場合，母数は関数のパラメータとして指定すればよいが，モデル数自体が変わると，対応する関数をその都度作成しなければならない．

そこで，確率分布を本格的なオブジェクト指向に基づいて実装した *distr* ライブラリ[*12]を使い，その労力を軽減させる．以下のコードは，**2.2.1**節の最尤法で得られた母数の推定結果（*par.x*）から，任意のモデル数に対応する混合正規分布型のオブジェクトを返す関数 *MixDist()* と，それを用いて確率密度関数を描く例である．図**2.3**に対応するRコードの直後に実行すると，最尤法の推定結果が水色の線（*MixDist()* で得られた確率密度関数）で上書きされる．

```
1  library(distr)
2  MixDist <- function(p){
3    Type <- "Norm"
4    nmix <- 1 + (length(p) - 2) %/% 3
5    mix <- c(p[1:(nmix - 1)], 1 - sum(p[1:(nmix - 1)]))
6    p <- p[-(1:(nmix - 1))]
7    mu <- p[2 * (1:(length(p) %/% 2)) - 1]
8    sigma <- p[2 * (1:(length(p) %/% 2))]
9    Command <- "UnivarMixingDistribution("
10   for(i in 1:nmix)
11     Command <- paste(Command, Type, "(",
12                     paste(mu[i], sigma[i], sep = ","),
13                     "),", sep = "")
14   Command <- paste(Command, "mixCoeff=c(",
15                   paste(mix, collapse = ",") ,
16                   "))", sep = "")
17   return(eval(parse(text = Command)))
18 }
19 dist.x <- MixDist(par.x)
20 curve(d(dist.x)(x), col = "cyan", lwd = 3, add = TRUE)
```

モデル数 *nmix* は *par.x* （ここでは *p* のこと）のサイズから設定する．*nmix* を基に，*p* から混合比 *mix*，平均 *mu*，分散 *sigma* を抽出する．その上で，混合分布型のオブジェクトを返す *distr* ライブラリの関数 *UnivarMixingDistribution()* と正規分布型のオブジェクトを返す関数 *Norm()* をモデル数だけ組み合わせた文字列 *Command* を合

[*12] 標準ライブラリではないため，各人でインストールする必要がある．付録A参照．

成し，最後にその文字列を R コマンドとして実行した結果を *MixDist* の戻り値とする．文字列 *Command* の合成には，関数 *paste()* を用い，合成する文字列の区切りと結合する際に用いる記号は，それぞれ *sep* と *collapse* で指定する．先程の *par.x* の場合，モデル数は 2 だったので *"UnivarMixingDistribution(Norm(-0.0352, 0.9993), Norm (2.8978, 1.5177), mixCoeff = c(0.3848, 0.6152))"* という文字列を生成し，R コマンドとして実行している．

```
> eval(parse(text = "文字列"))
```

は，文字列を R コマンドとして実行するための定石である．

　MixDist の戻り値は *distr* ライブラリで定義された確率分布型のオブジェクトであり，確率密度関数はメソッド関数 *d()* で実現されている．*d(dist.x)* は関数定義を返すため，実際の関数として使うには *d(dist.x)(x)* とすることに注意が必要である．*d()* 以外に，確率分布 *p()*，クォンタイル *q()*，乱数 *r()* というメソッド関数が定義される．*d()* の使用例は上のコードの最後に記述したが，残りのメソッド関数も以下のように用いる．

```
> par.x0 <- c(0.4, 0, 1, 3, 1.5)    ## 先程の pmixnorm の例と同じ
> dist.x0 <- MixDist(par.x0)
> (X0 <- p(dist.x0)(6))             ## pmixnorm と同じ値となる
[1] 0.98635
> q(dist.x0)(X0)                    ## qmixnorm と同等（計算誤差あり）
[1] 6.000002
> (X <- p(dist.x)(6))               ## 推定した分布ではどうなるか確認
[1] 0.9874013
> q(dist.x)(X)                      ## こちらもほぼ qmixnorm と同等
[1] 6.000001
> r(dist.x)(10)                     ## 乱数を 10 個生成する
 [1]  1.7539500  2.6586072  2.8118548  0.3834555  3.7622917
 [6] -0.4152347  5.0252305  0.9029095  1.5305482  2.3353906
```

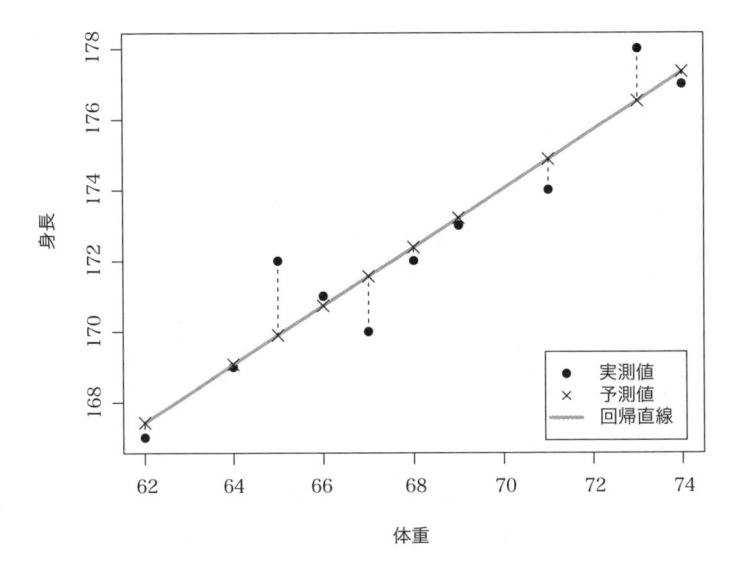

図 2.4　身長と体重の線形回帰分析結果

2.3　回帰分析とその応用

2.3.1　線形回帰分析

例えば，身長と体重の関係を何らかの式で表すことを考える．一般的に，身長が高いほど体重も重いことが想定されるので，体重を x，身長を y とし，これらの関係が $y = f(x)$ で表されるとする．このとき，x を**説明変数**，y を**目的変数**，あるいは**被説明変数**と呼ぶ．目的変数が説明変数でどれだけ説明できるかを定量的に分析することを**回帰分析**という．説明変数が一つの場合を**単回帰分析**，複数の場合を**重回帰分析**と呼ぶ．説明変数と目的変数を直線でモデル化（これを線形モデルと呼ぶ）する回帰分析を**線形回帰分析**と呼び，それ以外の回帰分析を**非線形回帰分析**と呼ぶ．

図 2.4 は，2.1.1 節で読み込んだデータから，男子の身長と体重データを取り出し，それぞれ y と x に付値して線形回帰分析した結果をプロットしたものである．このとき，身長と体重の間には，図の直線に示す，次式のような関係が予想される．

$$y = ax + b \tag{2.15}$$

回帰分析は，この関係式を満たす最適な係数（上式の場合は a と b）を推定する．方針は，図 2.4 の破線で示す，式 (2.15) に基づく予測値（×）と実測値（●）との差分（**残差**と呼ぶ）の平方和を最小化する．この方法を**最小二乗法**と呼ぶ．y の予測値を $\hat{y}$ とし，x, y, $\hat{y}$ の各要素を x_i, y_i, $\hat{y}_i$ と表すと，残差平方和は次式で表される．この場合，$n = 10$ である．

$$\sum_{i=1}^{n}(y_i - \hat{y}_i)^2 = \sum_{i=1}^{n}\bigl(y_i - (ax_i + b)\bigr)^2 \tag{2.16}$$

a と b は，式 (2.16) をそれぞれ a と b で偏微分したものを 0 として得られる二つの式を連立方程式として解いて得られる．式 (2.15) の場合は次のようになる．$\sum_i$ は $\sum_{i=1}^{n}$ の意味で用いる．

$$a = \frac{n\sum_i x_i y_i - \sum_i x_i \sum_i y_i}{n\sum_i x_i^2 - \left(\sum_i x_i\right)^2} \tag{2.17}$$

$$b = \frac{\sum_i x_i^2 \sum_i y_i - \sum_i x_i y_i \sum_i x_i}{n\sum_i x_i^2 - \left(\sum_i x_i\right)^2} \tag{2.18}$$

図 2.4 を描く R コードは次のようになる．R で線形回帰を行うには関数 `lm()` を用い，式 (2.15) の場合は下記コードの 4 行目だけで分析自体は完了する．パラメータは回帰分析を行う**モデル式**であり，単純な線形関係はこのように記述する．残りの行は図の作成に関するものである．`segments()` は実測値と予測値の間の線分を描くために用いている．`legend()` で凡例を表示する中で，マーカ（`pch` で種類を指定）と線分（`lty` で種類を指定）を混在させるため，**欠損値**（`NA`）を利用している．

```
1 tmpdat <- subset(Data, 性別 == "男")
2 x <- tmpdat$体重
3 y <- tmpdat$身長
4 reg <- lm(y ~ x)
5 plot(x, y, xlab = "体重", ylab = "身長", pch = 19)
```

```
 6  lines(x, fitted(reg), col = "red", lwd = 3)
 7  points(x, fitted(reg), col = "red", pch = 4)
 8  s <- 1:length(y)
 9  segments(x[s], y[s], x[s], fitted(reg)[s], col = "blue")
10  legend("bottomright", c("実測値", "予測値", "回帰直線"),
11         pch = c(19, 4, NA), lty = c(NA, NA, 1),
12         lwd = c(1, 1, 3), col = c("black", "red", "red"),
13         inset=.03)
```

回帰分析の要約を確認するには総称関数 summary() を使用する．lm() に対する summary() の主な見方は次の通りである．Residuals: の欄が残差の基本統計量（最小値，第 1 四分位数，中央値，第 3 四分位数，最大値）を表しており，Coefficients: の欄が得られた係数に関する情報を行列形式で表示している．(Intercept) の行が式 (2.15) の b に，x の行が a にそれぞれ対応する．各行に対して Estimate の列が回帰係数の推定値，Std. Error の列が標準誤差，t value の列が各推定値に対する t 統計量，Pr(>|t|) の列が t 統計量に対する p 値である．t 統計量は，回帰係数が 0 であるという帰無仮説に対する t 検定の統計量であり，p 値はそれぞれの t 統計量に対する値である．p 値の右隣の * は，その下の Signif. codes: の行に説明があるが，通常用いられる有意水準 (0.1, 0.05, 0.01, 0.001) を下回るか判別する印である．

線形回帰分析の当てはめのよさを測る指標として，**決定係数**，あるいは**自由度調整済み決定係数**が用いられる．共に 1 に近いほど当てはめがよいとされる．これらはそれぞれ Multiple R-squared:，Adjusted R-squared: の欄に表示されている．決定係数は**相関係数** [13] の二乗であることから，統計学では R^2 と表す慣習がある．決定係数は，目的変数 y の平均を $\bar{y}$，標本数を n とすると次式で定義される．

$$R^2 = 1 - \frac{\sum_{i=1}^{n}(y_i - \hat{y}_i)^2}{\sum_{i=1}^{n}(y_i - \bar{y})^2} \tag{2.19}$$

しかし，決定係数は説明変数を増やすと 1 に近づきやすい傾向がある．そこ

---

[13] 二つの確率変数の間の類似性の度合いを示す指標．ただし，確率変数の線形関係だけを測る．

で，説明変数の数を p として，次式で定義する自由度調整済み決定係数 R'^2 を用いることもある．

$$R'^2 = 1 - \frac{\frac{\sum_{i=1}^{n}(y_i - \hat{y}_i)^2}{n-p-1}}{\frac{\sum_{i=1}^{n}(y_i - \bar{y})^2}{n-1}} \tag{2.20}$$

```
> summary(reg)
Call:
lm(formula = y ~ x)

Residuals:
    Min      1Q  Median      3Q     Max
-1.5552 -0.4085 -0.2794  0.1863  2.1001

Coefficients:
            Estimate Std. Error t value Pr(>|t|)
(Intercept) 116.10519    6.60467  17.579 1.12e-07 ***
x             0.82761    0.09713   8.521 2.77e-05 ***
---
Signif. codes:  0 '***' 0.001 '**' 0.01 '*' 0.05 '.' 0.1 ' ' 1
Residual standard error: 1.136 on 8 degrees of freedom
Multiple R-squared: 0.9008,    Adjusted R-squared: 0.8883
F-statistic: 72.61 on 1 and 8 DF,  p-value: 2.765e-05
```

なお，回帰分析の結果から係数を得るには *coef()*，用いたデータ，あるいは新しいデータに対する予測値は，それぞれ *fitted()*, *predict()* という関数で求めることができる．

2.3.2 非線形回帰分析

前節で述べた通り，非線形回帰分析は線形モデル以外を用いた回帰分析を指すが，その方法は多岐にわたる．ここでは非線形モデルとして基本的な，高次多項式にデータを当てはめる方法と，より複雑なデータに対応できる**平滑化スプライン**について説明する．非線形関数への当てはめは，一般的にパラメトリックと呼ばれる方法の一つであり，ここでのパラメータは回帰分析

を行う線形・非線形モデルの係数,母数を指す.一方,平滑化スプラインはノンパラメトリックと呼ばれる**平滑化回帰分析**の一方法である.

本節では,パラメトリックな方法を重点化し,ノンパラメトリックな方法は概要と簡単な利用例の説明にとどめる.まずパラメトリックな方法から述べる.正弦関数 $y = \sin(0.03x)$ からデータを生成し,それを多項式で近似することを考える.目的変数は ± 0.1 の範囲内で**一様乱数**(runif())による雑音を混ぜている.理由は後述する.

```
> set.seed(5)  ## 再現性のため,乱数のシードを固定
> x <- 1:200   ## x:説明変数,y:目的変数
> y <- sin(0.03 * x) + runif(200, min = -0.1, max = 0.1)
```

これを,次の三次多項式で回帰して母数(係数) a, b, c, d を推定する.

$$f(x) = ax^3 + bx^2 + cx + d \tag{2.21}$$

非線形回帰を行うための R コードと実行結果は次のようになる.用いる関数は nls() であり,結果を n.reg に付値する.最初のパラメータは,上式に対応するモデル式である.lm() と異なり,nls() では推定する母数の初期値を start に与えなければならない.nls() は,内部で最尤法に基づく数値解析を行っているが,一般的に数値解析アルゴリズムは初期値に対する依存性が高く,エラーが返ることがある.また,control を用いて数値解析の調整を伴う場合もある [17].これらの設定は経験的に行う必要があることを注意する.

```
> n.reg <- nls(y ~ a * x ^ 3 + b * x ^ 2 + c * x + d,
+              start = c(a = 2.6e-6, b = -8.2e-4,
+                        c = 5.9e-2, d = -2.3e-1))
> summary(n.reg)
Formula: y ~ a * x^3 + b * x^2 + c * x + d

Parameters:
    Estimate Std. Error t value Pr(>|t|)
a  2.667e-06  4.057e-08  65.735   <2e-16 ***
b -8.323e-04  1.240e-05 -67.101   <2e-16 ***
```

```
c  6.021e-02  1.074e-03  56.041  <2e-16 ***
d -2.486e-01  2.500e-02  -9.946  <2e-16 ***
---
Signif. codes:  0 '***' 0.001 '**' 0.01 '*' 0.05 '.' 0.1 ' ' 1

Residual standard error: 0.08672 on 196 degrees of freedom

Number of iterations to convergence: 1
Achieved convergence tolerance: 3.059e-08
```

nls() の結果も summary() で表示している．基本的な内容は lm() の場合と同じだが，非線形回帰では決定係数が定義できないため，表示されない．

非線形回帰の当てはめのよさは，**2.2.3** 節で説明した AIC や BIC を用いる．例として，求めた n.reg の AIC と BIC を計算する．一つ目は，R で用意されている関数 AIC() を用いている．nls() の戻り値（オブジェクト）は，関数 logLik() で対数尤度が計算できるため，二つ目は AIC を定義通りに計算している．logLik() の戻り値は複数の属性を伴うことから，対数尤度だけを logLik(n.reg)[1] で取り出す．また，自由パラメータ数は，a, b, c, d だけでなく，局外変数（誤差の大きさを表すパラメータ）も含めて 5 となる[*14]．三つ目は，関数 AIC() のパラメータを変更して BIC を計算しており，四つ目は stats4 ライブラリの関数 BIC() を使っている．library(stats4) を実行した後に BIC() を呼び出すのが一般的だが，演算子 "::" で，特定の変数や関数にアクセスできることを利用している．最後は logLik() を用いて BIC を計算している．

```
> AIC(n.reg)                                    ## AIC (その 1)
[1] -404.4712
> -2 * logLik(n.reg)[1] + 2 * (4 + 1)           ## AIC (その 2)
[1] -404.4712
> AIC(n.reg, k = log(length(x)))                ## BIC (その 1)
[1] -387.9796
> stats4::BIC(n.reg)                            ## BIC (その 2)
[1] -387.9796
> -2 * logLik(n.reg)[1] + log(200) * (4 + 1)    ## BIC (その 3)
[1] -387.9796
```

[*14] 局外変数を含めない定義もある．**2.2.3** 節では含めない方法で計算した．

AIC, BIC ともに，小さい値となるようなモデルを選択することが望ましい．しかしこれらはモデル間の差にのみ意味がある．また，AIC と BIC といった，異なる尺度間での比較を行うためのものではない．つまり，AIC なら AIC で尺度を固定し，その上で各種モデルを相対比較するために用いるものであり，決定係数のような絶対的な評価尺度ではない．AIC と BIC のどちらが優れているかは議論があるが，一般的に AIC で最適とされるモデルのパラメータ数は過大に見積もられる傾向がある．一方，BIC はその抑制に効果的であるといわれる．

次に，三次多項式の代わりに五次多項式と $\sin(ax)$ で近似する．AIC で比較すると，三次式よりは五次式，$\sin(ax)$ の順に当てはめがよいという結果になる．$\sin(ax)$ で推定された a は 0.03003441 となり，元のモデルをほぼ再現できている．なお，標本を作成した際に一様乱数の雑音を入れたのは，`nls()` が雑音のない標本を用いることができないためである．`runif()` を用いないで標本を作成し，下記コードの `n.reg3 <-` の行を実行するとエラーになる．

```
> n.reg2 <- nls(y ~ a * x ^ 5 + b * x ^ 4 + c * x ^ 3 +
+                d * x ^ 2 + e * x + f,
+        start = c(a = -1.6e-10, b = 8.2e-8, c = -1.3e-5,
+                  d = 3.8e-4, e = 2.3e-2, f = 3.0e-2))
> n.reg3 <- nls(y ~ sin(a * x), start = c(a = 0.03))
> AIC(n.reg2)     ## 五次多項式のAIC
[1] -560.9499
> AIC(n.reg3)     ## sin(ax)のAIC
[1] -568.8806
> coef(n.reg3)    ## sin(ax)で推定された係数a
         a
0.03003441
```

ここまでの結果をグラフ化する．次の R コードで作成される図は，標本を取り出した元のグラフと標本の散布図を黒で，推定した三次式，五次式，$\sin(ax)$ をそれぞれ赤，青，水色で重ねる．結果は図 2.5 に示す．三次式以外の結果はおおむね重なっており，適切な推定が行われたことを示す．

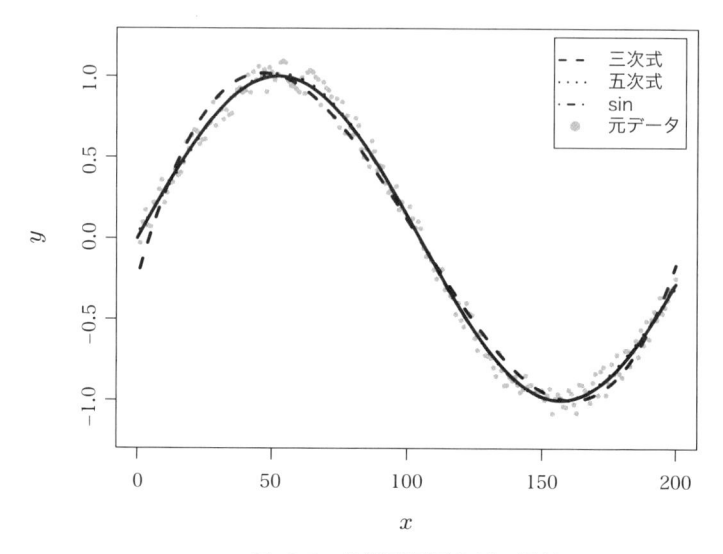

図 2.5　非線形回帰分析の結果

```
1  curve(sin(0.03 * x), xlim=c(0, 200), ylim = c(-1.2, 1.2),
2        lwd = 3, xlab = "x", ylab = "y")        ## 元のグラフ
3  points(x, y, pch = 19, col = "gray70", cex = 0.5)## 標本の散布図
4  lines(x, fitted(n.reg), col = "red", lwd = 3)     ## 三次式の描画
5  lines(x, fitted(n.reg2), col = "blue", lwd = 3)   ## 五次式の描画
6  lines(x, fitted(n.reg3), col = "cyan", lwd = 3)   ## sin の描画
7  legend("topright",
8         c("三次式", "五次式", "sin", "元データ"),   ## 凡例の表示
9         col = c("red", "blue", "cyan", "gray70"),
10        pch = c(NA, NA, NA, 19), lty = c(1, 1, 1, NA),
11        lwd = 2, inset = .02)
```

　一般的に，非線形モデルの回帰分析には nls() を使うが，多項式の場合は lm() を用いることもできる．これには，高次多項式を返す関数 poly() を組み合わせる．デフォルトの poly() は直交多項式を返すため，raw = TRUE で単純な多項式とする必要がある．ここでは degree = 5 で五次の多項式の回帰分析を行い，その要約と AIC を返す．lm() を使うことで，初期値を必要とせず，かつ決定係数と自由度調整済み決定係数が求められる．当然なが

ら，AIC は `n.reg2` と同じ値になる．

```
> n.reg4 <- lm(y ~ poly(x, degree = 5, raw = TRUE))
> summary(n.reg4)
Call:
lm(formula = y ~ poly(x, degree = 5, raw = TRUE))

Residuals:
     Min        1Q    Median        3Q       Max
-0.105299 -0.045674 -0.003026  0.053119  0.101412

Coefficients:
                                Estimate Std. Error t value
(Intercept)                    3.011e-02  2.588e-02   1.163
poly(x, degree = 5, raw = TRUE)1  2.291e-02  2.580e-03   8.880
poly(x, degree = 5, raw = TRUE)2  3.803e-04  7.903e-05   4.813
poly(x, degree = 5, raw = TRUE)3 -1.263e-05  9.941e-07 -12.700
poly(x, degree = 5, raw = TRUE)4  8.228e-08  5.447e-09  15.105
poly(x, degree = 5, raw = TRUE)5 -1.586e-10  1.079e-11 -14.706
                                Pr(>|t|)
(Intercept)                       0.246
poly(x, degree = 5, raw = TRUE)1 4.50e-16 ***
poly(x, degree = 5, raw = TRUE)2 2.99e-06 ***
poly(x, degree = 5, raw = TRUE)3  < 2e-16 ***
poly(x, degree = 5, raw = TRUE)4  < 2e-16 ***
poly(x, degree = 5, raw = TRUE)5  < 2e-16 ***
---
Signif. codes:  0 '***' 0.001 '**' 0.01 '*' 0.05 '.' 0.1 ' ' 1

Residual standard error: 0.05836 on 194 degrees of freedom
Multiple R-squared: 0.9938,    Adjusted R-squared: 0.9936
F-statistic:  6172 on 5 and 194 DF,  p-value: < 2.2e-16
> AIC(n.reg4)   ## AIC(n.reg2) と同じ結果になる
[1] -560.9499
```

次に，ノンパラメトリックな方法として，平滑化スプラインを概説する．平滑化スプラインとは，説明変数 x_i，目的変数 y_i に対して，

$$E = \sum_{i=1}^{n} (y_i - m(x_i))^2 + \Lambda \int_{-\infty}^{\infty} \left(\frac{d^2 m(t)}{dt^2} \right)^2 dt \qquad (2.22)$$

を最小化する $m(t)$ を指す [20]．式 (2.22) の右辺第二項は**凹凸ペナルティ**，Λ は**平滑化パラメータ**と呼ばれる．通常，最適な Λ は**一般化クロスバリデーション基準**（Generalized Cross-Validation: **GCV**）を最小化する値であるとされるが，目的変数に雑音が多く含まれる場合，GCV を最小化する Λ を用いて得られる結果は平滑化の度合いが低くなりやすい．そのため，GCV の計算に用いる**等価自由度**（Equivalent degrees of freedom）の値を変更することで，Λ と平滑化の度合いを調整することもある．

R では，平滑化スプラインを計算する関数 smooth.spline() が用意されている．実際にこれを使って前述の図 2.5 に上書きするには，次のコードを実行する．三次多項式以外の結果とほぼ一致するような緑の線が描かれる．

```
> reg.spline <- smooth.spline(x, y)
> lines(reg.spline, col = "green", lwd = 3)
```

reg.spline の要約を示す．smooth.spline() の戻り値は，summary() を用いなくても，戻り値を評価するだけで要約が表示される．今回は等価自由度を指定するパラメータ df を用いなかったので，GCV を最適化している．その値は約 0.00357 であり，等価自由度は約 10.378 であった．この標本に対する平滑化は，GCV を最適化するパラメータでも適切であったことになる．

```
> reg.spline
Call:
smooth.spline(x = x, y = y)


Smoothing Parameter  spar= 0.75376  lambda= 0.00041 (14 iterations)
Equivalent Degrees of Freedom (Df): 10.37817
Penalized Criterion: 0.6413193
GCV: 0.003567201
```

等価自由度を 9 として平滑化スプラインを求めるには次のようにする．

```
> reg.spline <- smooth.spline(x, y, df = 9)
```

2.3.3 関数の微分

ある関数の**微分**を再利用することを考える．R では関数を**代数微分** [*15] するための関数 D(), deriv(), deriv3() が用意されている．D() は**呼出し** (call) を返し，deriv() と deriv3() は**表現式** (expression) を返す．詳細は文献 [12, 17] を参照のこと．また，ノンパラメトリックな非線形回帰の例として挙げた smooth.spline() を使った場合も，**数値微分**の計算が可能である．

まず，代数微分について述べる．これには 2 通りの方法があるが，いずれも汎用性を考えて，結果を関数の形で再利用することを想定する．

一つは D() を使う方法である．D() は表現式を用いて呼出しを返す．呼出しはそのまま関数としては使えないが，空の関数を定義し，その中身として渡すことで関数にできる．実例を示す．非線形回帰の例で示した $y = \sin(0.03\,x)$ の微分を，新しい関数として定義する．まず，D() により $\sin(0.03\,x)$ の表現式 (expression(sin(0.03 * x))) を x ("x") で微分し，結果を Dsin に付値する．次に，中身が空である x の関数 df1() を定義し，関数 body() を用い，df1() の中身として Dsin を付値する．

```
> (Dsin <- D(expression(sin(0.03 * x)), "x"))  ## sin(0.03x)を微分
cos(0.03 * x) * 0.03
> mode(Dsin)                                    ## モードは呼出し
[1] "call"
> df1 <- function(x){}                          ## 空の関数を定義
> body(df1) <- Dsin                             ## 結果を df1 に付値
```

もう一つの方法は deriv() を使う．deriv() には戻り値を**関数** (function) として返すパラメータ function.arg がある．処理としてはこちらの方が簡単だが，df1() と全く同じような関数として使うことはできない．その理由は後述する．

```
> (df2 <- deriv(expression(sin(0.03 * x)), "x",
+               function.arg = TRUE))           ## 一発で微分関数を得る
function (x)
```

[*15] ある程度簡単な式に限られる．

```
{
    .expr1 <- 0.03 * x
    .value <- sin(.expr1)
    .grad <- array(0, c(length(.value), 1L), list(NULL, c("x")))
    .grad[, "x"] <- cos(.expr1) * 0.03
    attr(.value, "gradient") <- .grad
    .value
}
> df2 <- deriv(~ sin(0.03 * x), "x", function.arg = TRUE)
>                                              ## 別解（結果は同じ）
> mode(df2)                                    ## モードは function
[1] "function"
> ## 標準の deriv の戻り値のモードは expression
> mode(deriv(~ sin(0.03 * x), "x"))
[1] "expression"
```

次に，平滑化スプラインの数値微分について説明する．前に計算した reg.spline を使う．平滑化スプラインの戻り値の型は smooth.spline だが，総称関数の一つである predict() は，対象とするオブジェクトの型に対応するメソッド関数を内部で呼び出す．この場合はユーザから不可視 [*16] のメソッド関数 predict.smooth.spline() が呼び出される．smooth.spline 型のオブジェクトを predict() で用いると，パラメータ deriv で微分の階数を指定することができる [*17]．

従って，次のコードのように数値微分した予測値 d.reg.spline を求めることができる．R がデフォルトで提供する平滑化回帰分析の関数には，smooth.spline() の他に**核関数による平滑化** ksmooth()，**スーパスムーザー法** supsmu()，**散布図平滑化** lowess() などがあるが，predict() のパラメータに deriv を取れるものは平滑化スプライン以外にはない．

```
> d.reg.spline <- predict(reg.spline, deriv = 1, x)
```

[*16] methods(predict) で，総称関数 predict() のメソッド関数一覧が得られるが，名前の最後にアスタリスク（*）が付くメソッド関数は，定義をマスクされている．どうしても定義を見たい場合には，関数 getAnywhere() を使う．

[*17] つまりこれはメソッド関数 predict.smooth.spline() に対応したパラメータである

ここまでの結果を以下の R コードによってグラフで表す．まず，$y = \sin(0.03\,x)$ の一階微分である $y = 0.03 \cos(0.03\,x)$ のグラフを黒い線で描き，その上から D() を使った一階微分関数 df1() を赤で重ねる．df1() は通常の関数と同じ扱いで処理できているが，deriv() を使った df2 は使い方が異なる．単純に curve(df2,...) とすると，微分前の関数 $y = \sin(0.03\,x)$ が描かれてしまうため，df2 に x （この x は 1:200 の数値ベクトルであり，変数ではないことに注意）を代入し，関数 attr() でその結果から属性 "gradient" （ここに一階微分の結果が入っている）を取出して lines() で青色の線分を結ぶ．このように，微分した結果の関数としての取り扱いは，D() の方が優れている．そして，平滑化スプラインの数値微分を水色で重ねている．平滑化スプラインは，データの端点で精度が低くなる．最後に，n.reg3 で推定した結果の一階微分を関数 df3() として黄色で描く．

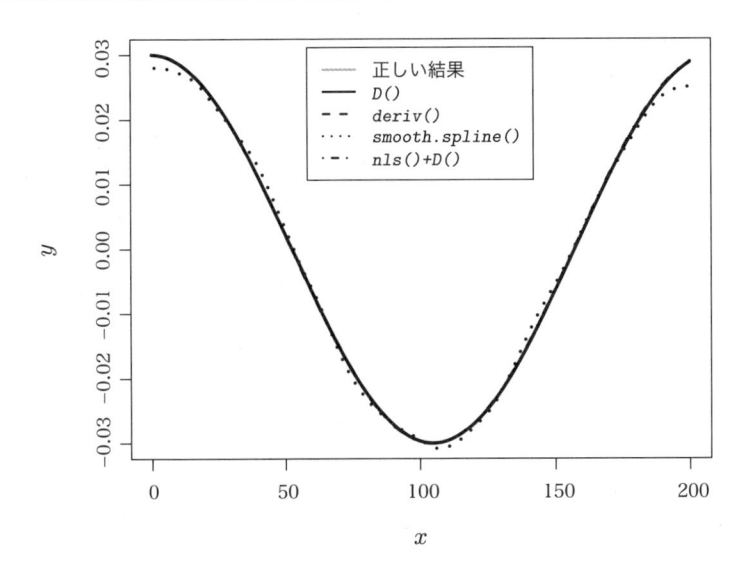

```
1 curve(0.03 * cos(0.03 * x), xlab = "x", ylab = "y",
2       xlim = c(0, 200), ylim = c(-0.03, 0.03))
3 curve(df1, lwd = 3, col = "red", add = TRUE)
```

図 2.6　各種の微分の結果

```
 4  lines(attr(df2(x), "gradient"), lwd = 3, col = "blue")
 5  lines(d.reg.spline, lwd = 3, col = "cyan")
 6  df3 <- function(x){}
 7  ## body(df3) <- D(expression(sin(0.03003 * x)), "x") を実行する
 8  eval(parse(text = paste("body(df3) <- D(expression(sin(",
 9           coef(n.reg3), "*x)), \"x\")", sep = "")))
10  curve(df3, lwd = 3, col = "yellow", add = TRUE)
11  legend("top", inset = .02, lwd = 2,
12         c("正しい結果", "D()", "deriv()",
13           "smooth.spline()", "nls()+D()"),
14         col = c("black", "red", "blue", "cyan", "yellow"))
```

8〜9行目は，`D()` を使って関数を微分するコマンドを表す文字列を作成し，その文字列を `eval()` と `parse()` で R コマンドとして実行している（**2.2.4** 節参照）．`"x"` のダブルクォーテーションを表示させるためにバックスラッシュでエスケープ（`\"`）している．このコードを実行した結果は図 **2.6** に示す．

第3章

通信ネットワークの信頼性評価

　前章までに，信頼性工学を俯瞰し，R を用いた信頼性評価技術の基礎を説明した．

　通信ネットワークは修理系であり，その信頼性評価は，**表 1.3** の修理系の部分に対応する．修理系の信頼性（信頼度と故障率）は，従来の技術では精密な計算が困難であり，それぞれアベイラビリティと平均故障率の計算を行うことが一般的である．なお，これらの計算式は，測定途中で母数（装置台数やユーザ数）が変動しないことを前提とするが，この条件は通信ネットワークと相いれない．現在は，月末時点での装置台数やユーザ数を用いて，近似解を求めているに過ぎず，このような母数の変動に対応した信頼性評価法が必要とされている．

　保全性（保全度と修復率）に関しては，元々修理系でのみ定義される尺度である．これらは，装置台数の変動が計算に影響しないため，通信ネットワークへの適用可能性も高いと考えられる．なぜなら，装置台数の増減により故障件数が変動したとしても，それは抽出したサンプル数が変動したと考えればよいためである．しかし，実際の故障データを用いて通信ネットワークの保全性を評価した例がなく，それがどのような性質を有するか，十分な知見が得られていない．

　本章では，通信ネットワークで実際に収集した故障データを用いて信頼性評価を行う方法を，R のサンプルコードを交えて説明する．分析の内容は実際のデータに依存する可能性が高く，ここに載せたコードを基に，各種のカ

スタマイズを要する．従って，R コードの基本的な考え方を示すことに主眼を置く．

3.1 データの準備

分析を行う前に，データを収集・整理しなければならない．

どのような形式で故障データが管理されているかはネットワーク依存であろうが，ここでは『故障装置』，『修復時間』，『影響規模』，『総ユーザ数』，『現地対応』，『故障発生日時』，『地域』，『サービス中断』という項目を用いる．これらは，どのような通信ネットワークでもほぼ確実に収集される項目である．

各項目の意味について簡単に説明する．

故障装置　故障した装置の名前．

修復時間　分単位で収集した修復時間．1 件の故障に対して断続的にサービスが止まった場合は，その時間を合計する．

影響規模　該当装置故障により，影響を受けたユーザの数．

総ユーザ数　故障発生時にネットワークに加入していた全ユーザの数．

現地対応　修復に際しての，故障発生箇所への駆け付けの有無．故障装置と故障内容によっては，保守拠点から遠隔リセットで回復する場合もある．駆け付ければ 1，駆け付けなければ 0 とする．

故障発生日時　故障が発生した日時．

地域　故障が発生したエリア（例えば都道府県単位）．

サービス中断　故障発生に伴うサービス中断を表すフラグ．中断すれば 1，しなければ 0 とする．

以上の項目を収集し，図 3.1 のように一つの Excel ファイルに取りまとめる．入力方法やフォーマットについては，2.1.2 節で述べた方法に準拠する．なお，R に読み込む際にはデータフレームになることは既に説明したが，データのアクセス方法は列の順序に依存しない．従って，Excel ファイルの列の順序は，図 3.1 の通りでなくても構わない．

2.1.2 節の方法に従って，*RODBC* ライブラリを用いて Excel ファイルを R

	A	B	C	D	E	F	G	H
1	故障装置	修復時間	影響規模	総ユーザ数	現地対応	故障発生日時	地域	サービス中断
2	装置A	82	20	4218784	1	2008/12/30 15:38	地域A	1
3	装置B	2	0	4218784	1	2008/12/30 15:56	地域A	0
4	装置C	1	1000	4218784	0	2008/12/30 16:35	地域A	1
5	装置A	73	11	4218784	1	2008/12/30 17:33	地域A	1
6	装置A	7	29	4218784	0	2008/12/30 18:14	地域B	1
7	装置D	53	188	4218784	1	2008/12/31 2:04	地域C	1
8	装置E	3	0	4218784	1	2008/12/31 8:40	地域D	0

図 3.1　故障データの Excel ファイルの例

に取り込んだ後は，故障装置と地域は文字列に変換する．また，故障発生日時も chron 型のオブジェクトに変換し，時間の遅れを補正する．このデータフレームを R 側で outage に付値し，以後の説明でも故障データは outage として用いる．もし欠損値が含まれれば，その箇所は NA と表示される．基本的に，outage の中に欠損値はないものと仮定するが，元のデータの収集状況次第で，埋め合せができないものも出てくる．そのような場合，仮の値を入れて処理することもあるものの，ここでは該当する（欠損値を含む）行を関数 na.omit() で削除する．以上の処理を行う R コードは次のようになる．故障データの Excel ファイル名は outage.xls，シート名はデフォルトのまま（Sheet1）とした．

```
1 library(RODBC)    ## 既に呼び出していれば不要
2 tmp <- odbcConnectExcel("outage.xls")
3 outage <- sqlQuery(tmp, "select * from [Sheet1$]")
4 odbcClose(tmp)
5 outage$故障装置 <- as.character(outage$故障装置)
6 outage$地域 <- as.character(outage$地域)
7 outage$故障発生日時 <- trans.chron(outage$故障発生日時)
8 outage <- na.omit(outage)
```

データの収集期間に対し，その中の特定期間だけを対象として分析を行うこともある．その期間を，以後の説明で起点 S，終点 E とする．例えば，2008 年 1 月 1 日 0 時から 2009 年 3 月 31 日 23 時 59 分までの期間を分析対象とする場合，次のように S と E を chron 型のオブジェクトとして付値する．

その上で，関数 subset() を用い，故障発生日時が S と E の間にあるデータだけを抽出する．

```
 9  library(chron)   ## 既に呼び出していれば不要
10  S <- chron(dates = "2008/01/01", times = "00:00:00",
11             format = c(dates = "y/m/d", times = "h:m:s"))
12  E <- chron(dates = "2009/04/01", times = "00:00:00",
13             format = c(dates = "y/m/d", times = "h:m:s"))
14  outage <- subset(outage, 故障発生日時 >= S & 故障発生日時 < E)
```

3.2 故障率の計算

3.2.1 装置数の増減に対応した故障率の推定

筆者らはこれまでに，装置数の増減を伴い，かつ修理系である通信ネットワークの装置故障率を求める方法を提案した [21]．測定期間 $[0, T]$ 内の任意の時刻 t に対し，以下の条件を仮定する．

条件 1: 　対象装置の故障発生日時が既知であり，測定開始日時を基点とした累積故障件数が $[0, T]$ 内の任意の時刻 t に対する連続型関数 $N_f(t)$ として表される．$N_f(t)$ は $[0, T]$ で微分可能とする．
条件 2: 　装置台数も時刻 t に対する連続型関数 $N_E(t)$ として表される．
条件 3: 　$N_f(t)$，$N_E(t)$ を得るには十分なデータを要するため，測定期間は 2 年間以上とする．

このとき，期間 $[t, t+\Delta t]$ における故障率 $h(t)$ は，式 (1.13) と上記の記号を用いると次のように表せる．

$$h(t) = \frac{N_f(t + \Delta t) - N_f(t)}{N_E(t)\,\Delta t} \tag{3.1}$$

一般には，Δt を暦時間の 1 か月として，月単位の平均故障率を求めることが多い．厳密に言えば，**1.6.1** 節で述べた問題は残るが，企業活動の時間単位としては暦時間が用いられるため，このような扱いをする．しかし，これは装

置台数 $N_E(t)$ の取り方に依存する．例えば，1 か月の間に装置の配備が進んだとき，初めの装置台数を $N_E(t)$ を用いるか，最後の装置台数 $N_E(t+\Delta t)$ を用いるかで $h(t)$ の値が変わることは十分にあり得る．

そこで，式 (3.1) の $\Delta t \to 0$ の極限を修理系の故障率 $\lambda(t)$ とする．

$$\lambda(t) = \lim_{\Delta t \to 0} h(t) = \frac{N_f'(t)}{N_E(t)} \tag{3.2}$$

本式は，上記のような装置数の増減に対応することが可能になる．また式 (1.14) や再生理論を用いた故障率のように，装置固有の信頼度や故障率を用いることがないので，計算が行いやすい．ただし，これは特定の条件下における故障率になるので，同一種別の装置であっても，配備条件や運用条件が異なるものに適用することはできない．

文献 [21] では，式と分析例を示しているが，具体的にどのような R コードを用いるかという説明は，紙面の都合上省略している．その記述がない限り，R を使った実際の分析を行うことはできないため，母体となるサンプルコードを掲載し，その中身を解説する．前提条件として，**3.1** 節で準備したデータフレーム outage を用いる．測定期間 $[0,T]$ に対応するのは，日時 S から E までの期間とする．まずパラメトリックな方法として，高次多項式を用いた方法について説明し，次にノンパラメトリックな方法として平滑化スプラインを用いた方法を述べる．

3.2.1.1 パラメトリックな方法

高次多項式を用いる例として，outage から，式 (3.2) の $N_f'(t)$ を生成する関数 make.polynomial() を以下のように定義する．

```
1  make.polynomial <- function(eqp){
2    x <- 1:(E - S)
3    tmp.outage <- subset(outage, 故障装置 %in% eqp)$故障発生日時
4    y <- cumsum(table(cut(tmp.outage, breaks = S:E)))
5
6    Dim <- 12
7    lm.eqp <- vector(mode = "list", length = Dim)
8    for(j in 1:Dim){
```

```
9      lm.eqp[[j]] <- lm(y ~ poly(x, j, raw = TRUE))
10     tmpdim <- (1:Dim)[is.finite(sapply(lm.eqp, stats4::BIC))]
11     eqp.min <- lm.eqp[[which.min(sapply(lm.eqp[tmpdim],
12                                          stats4::BIC))]]
13
14     func.body <- coef(eqp.min)
15     func.body <- paste(paste(func.body, "*x^", sep = ""),
16                        1:length(func.body) - 1, sep = "",
17                        collapse = "+")
18     func.body <- gsub("x\\^1\\+", "x+",
19                       gsub("\\*x\\^0", "",
20                            gsub("\\+\\-", "-", func.body)))
21
22     func.body <- D(eval(parse(text =
23                        paste("expression(", func.body,")"))), "x")
24     func.eqp <- function(x){}
25     body(func.eqp) <- func.body
26
27     return(func.eqp)
28   }
```

eqp は対象装置の名称であり，outage では『故障装置』列の名前（文字列）に対応する．一般的に故障率のディメンジョンは『/h』だが，通信ネットワークではそれほど故障が頻繁には発生しないことから，ここでは集計単位を日とする．測定期間 $[0, T]$ の 0 と T が，それぞれ S と E なので，測定開始日時 S を起点とした経過日数を x に付値する．次に，outage から該当装置の故障発生日時を抜き出して tmp.outage に付値する．outage は，故発生日時が S 以上 E 未満であるようにあらかじめフィルタリングしているものと仮定する．tmp.outage を日単位で集計し，x に対応する累積和を求めて y に付値する．日単位での集計には **2.1.2** 節で述べた総称関数 cut() と，作表関数 table() を用いる．その結果から，関数 cumsum() で累積故障件数を求める．

次のブロックで，回帰分析を行う．回帰分析を行う多項式の最大次数は 12（Dim で定める）とし，一次式から十二次式までの回帰分析を関数 lm() で行い，その結果をリスト lm.eqp に付値する．これは **2.3.2** 節で述べた，多項

式の非線形回帰を `lm()` で行う方法を用いており，初期値を要しないという利点を活かしている．このとき，次数とリスト `lm.eqp` の要素の番号は一致し，`lm.eqp[[1]]` には一次式での回帰分析結果が入る．回帰分析を行った結果に対して，関数 `sapply()` で `lm.eqp` の各リストに関数 `BIC()` を適用し，結果が暴走してない（関数 `is.finite()` で確認する）次数を `tmpdim` に付値する．次数 `tmpdim` に対して，BIC を最小とする回帰分析結果を `eqp.min` に付値する．関数 `which.min()` はこの処理で用いている．

`eqp.min` の中身から多項式を復元する．`coef(eqp.min)` で係数を取り出し，文字列 `x^*`（`*` には 0 ～ `eqp.min` の最大次数が入る）と組み合わせて多項式を表す文字列を生成する．その際には，2.2.4 節と同様，`sep` と `collapse` を用いた関数 `paste()` が活躍する．ただし，このままでは数式として冗長な記述（`x^0`, `x^1`）やエラーを引き起こす記述（`+-`）が含まれるため，関数 `gsub()` で修正し，最終的な `func.body` とする．

最後に，2.2.4 節で述べた，文字列を R コマンドとして実行する方法と，2.3.3 節で説明した関数 `D()` を使って，多項式を表す文字列 `func.body` を微分する．その結果を，空の関数 `func.eqp()` の本体として付値し，`func.eqp()` 自体を `make.polynomial()` の戻り値として返す．

`make.polynomial()` の使い方は，故障率を求める装置名称を『装置 A』としたら，

```
> F.eqpA <- make.polynomial("装置 A")
```

とする．これで，`F.eqpA` には装置 A の累積故障件数を微分した関数が付値されているので，`curve()` や `plot()` に渡してグラフを描くことができる．

装置の配備台数も 1 日単位に集計されているならば，`make.polynomial()` の中の `D()` を使う箇所だけを解除する．つまり，22 行目の `func.body <- D(eval(parse...))` を `func.body <- eval(parse...)` に修正する．これで，微分を行わない多項式の推定結果が得られ，式 (3.2) の $N_E(t)$ 相当の関数も求められる（それを `N.eqpA` に付値したとする）．このとき，求めたい故障率を `Lambda.eqpA` とすると，

```
1  Lambda.eqpA <- function(x)
```

```
2    ifelse(F.eqpA(x) / N.eqpA(x) < 0, 0,
3           F.eqpA(x) / (N.eqpA(x) * 24))
```

のように R の関数として定義できる．故障率は負の値にはならないため，関数定義の中にその条件分岐を含めている．なお，F.eqpA と N.eqpA のディメンジョンは共に『台/日』であり，F.eqpA(x) / N.eqpA(x) は無次元になる．そこで，『/h』というディメンジョンに直すべく，戻り値を F.eqpA(x) / (N.eqpA(x) * 24) としている．

Lambda.eqpA() も F.eqpA(x) と同様に通常の関数と同じ扱いが可能であり，関数 integrate() による**数値積分**も可能になる．つまり，求めた故障率関数から，任意区間での平均故障率の計算に応用できる．例えば，Lambda.eqpA() の測定期間 $[0,T]$，つまり S から E までの平均故障率を求めるには，次のコードを実行する．

```
> range <- as.double(E - S)
> integrate(Lambda.eqpA, 0, range)$value / range
```

3.2.1.2　ノンパラメトリックな方法

次に，平滑化スプラインによる方法を説明する．平滑化スプラインでは，パラメトリックな方法のように関数としての取り扱いができないため，その都度計算する必要がある．以下のコードは $N'_f(t)$ を求める．

```
1  eqp <- "装置A" ## x と y は make.polynomial の中で用いたものと同じ
2  x <- 1:(E - S) ## 前節の S, E と同じ
3  tmp.outage <- subset(outage, 故障装置 %in% eqp)$故障発生日時
4  y <- cumsum(table(cut(tmp.outage, breaks = S:E)))
5  Y <- smooth.spline(x, y, df = 12)
6  F.spline <- predict(Y, deriv = 1, x)
7  F.spline$y <- F.spline$y / 24
```

故障率を求めたい装置名を『装置 A』とする．x と y は，先ほどの関数 make.polynomial() の中に記述しているものと同じであり，累積故障件数に相当するデータである．この x と y に対して smooth.spline() で平滑化スプラインを求めて Y に付値するが，平滑化の度合いを等価自由度 df で制御している．そして，x における Y の一階微分の予測値をパラメータ deriv

とともに関数 `predict()` で計算し，その結果を `F.spline` に付値する．`make.polynomial()` と同様に，ディメンジョンを整えるため，`predict()` で予測した一階微分値 `F.spline$y` を 24 で割ることを注意する．なお，`predict()` で `deriv` を用いないことで $N_E(t)$ も同様に計算できる．この結果を `N.spline` に付値したとして，平滑化スプラインによる故障率 `Lamda.spline` は次のように求める．

```
1 Y <- smooth.spline(x, y, df = 12)          ## 等価自由度を設定
2 ## x は F.spline を求めた際に用いたものを流用する
3 ## y は 1 日単位に集計した設備台数を事前に付値する
4 N.spline <- predict(Y, x)                   ## deriv は用いない
5 Lambda.spline <- F.spline$y / N.spline$y    ## x に対する故障率
6 Lambda.spline[Lambda.spline < 0] <- 0       ## 負の値を 0 に補正
```

3.2.2 分析例

実際の故障データを用いた分析例を示す．図 3.2 は，ある装置の 2006 年 4 月 1 日（S とする）から 2010 年 3 月 31 日（E とする）までの故障率の推移

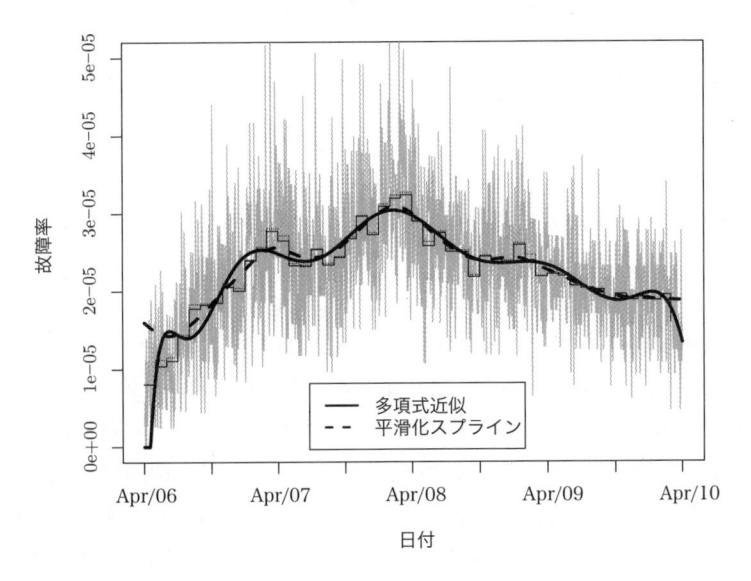

図 3.2 ある装置の故障率推移

を求めたものである．太実線が多項式に基づく故障率であり，太破線が平滑化スプラインを用いた結果である．階段上の黒い細線と点線は月単位の平均故障率であり，1か月の装置台数として毎月末の値を用いたものを実線，毎月初めの値として前月末の値を用いたものを点線で表している．灰色の線は，1日単位の故障率変動を計算している．平均故障率はこのような変動を丸めているが，運用中に装置台数が変動する場合，基準の台数をどの時点にするかで値が変わってしまう．この例では装置台数が増加傾向にあったため，月末の装置台数を用いた平均故障率の方が，月初めの場合よりも僅かに低く計算されている．多項式，平滑化スプラインによる故障率は，装置台数の変動を組み込んでいるため，このような問題は発生しない．これらの結果はおおむね一致するだけでなく，平均故障率の推移にも重なっていることが分かる．

参考として，1日単位の故障率を計算するには，以下のようにする．

```
1  eqp <- "装置A"
2  tmp.outage <- subset(outage, 故障装置 %in% eqp)$故障発生日時
3  ## n は1日単位に集計した故障件数を計算する
4  ## N は1日単位に集計した設備台数を事前に付値する
5  n <- table(cut(tmp.outage, breaks = S:E))
6  h <- n / (N * 24)
```

本コードは5行目がポイントである．**3.2.1.2**節の平滑化スプラインのコードにも含まれる，関数 `table()` と `cut()` の組合せにより，S から E までの，1日単位の故障発生件数を集計している．1日単位の区切りは **3.2.1.2** 節と同様にパラメータ `breaks` に日付を表す数列として $S:E$ を渡している．`tmp.outage` は `chron` 型のベクトルになるので，このとき関数 `cut()` に渡せる `breaks` の形式としては `"days"` や `"months"` がある．本コードの `cut()` も `breaks = "days"` とできるが，こうすると，区切りの始点と終点は，期間 S から E ではなく，その期間内で最初と最後に故障が発生した日付となる．つまり，毎日故障が発生しなかった場合は区切りの数と測定期間の日数がずれるため注意が必要である．このようにして集計した故障件数 n を，1日単位に測定した設備台数 N と 24（時間）の積で割ることで，1日単位の故障率（単位：/h）を計算する．1か月単位の平均故障率も同様の方法で計算できる．

注意点を述べる．グラフの端では多項式，平滑化スプラインともに推定精度が低下することから，一定期間（例えば 2 年以上）の故障データが必要になる．逆に，**図 3.2** では測定期間を 4 年間と長期間に設定したため，今回のデータでは測定期間と発生故障件数に対して故障率の大局的変動が激しくなるという別の問題が発生している．変動の激しい状態を一つの多項式で表現すると，細かい部分での推定精度の低下を招く可能性もある．このような場合には，測定期間を分割し，かつ，分析期間が一部重複するように設定した上で推定を行うことで，精度を向上させることが可能になる．

図 3.3 は分析開始から 800 日目で測定区間を分割し，分割点に対して前後 90 日間は重複するように設定して再計算を行ったものである．つまり，前半区間は $[0, 890]$，後半区間は $[710, 1461]$（E から S の間は 1461 日）として，それぞれの区間で故障率を求め，最後に重複期間を切り捨てた結果を結合している．分割点の設定は経験的だが，故障率が急激に変化する場合，何らかの問題が発生し，その改善策が取られることが多い．このような保守運用履歴と対応付けることで分割点設定を意味あるものにできる．重複期間を設け

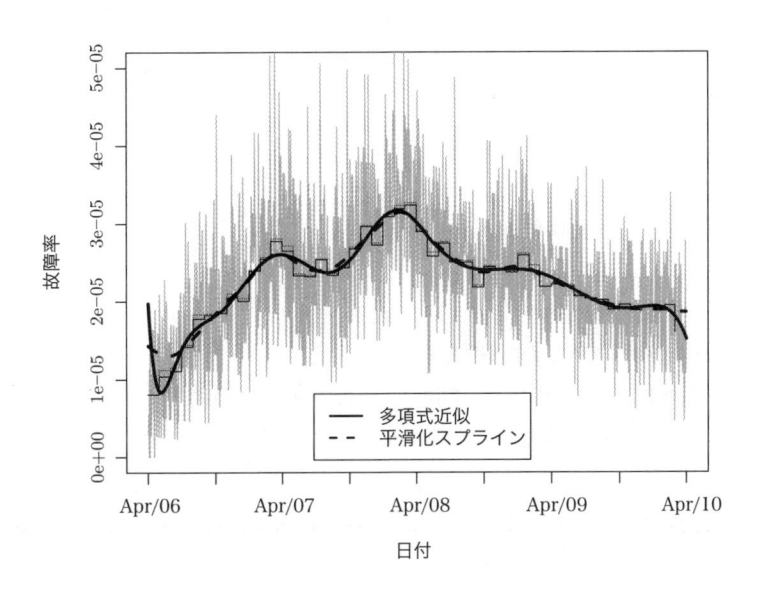

図 3.3 ある装置の故障率推移（区間分割を行った場合）

たのは，式 (3.2) で累積故障件数の微分を用いるため，分割点における微分値と傾きに整合を取るための処置である．保守運用履歴の観点では，問題が発生して改善策が取られるまでの時間，あるいは改善策の実施に要する期間としても解釈できる．これらの対策により，平滑化スプラインとの一致の度合いも向上している．このように，パラメトリックな多項式とノンパラメトリックな平滑化スプラインで類似性の高い結果が得られることは，式 (3.2) による方法の妥当性を示す．

3.3 修復時間分布（短期間）の評価

結論から述べると，通信ネットワークの修復時間分布は，

1. 混合対数正規分布に従う
2. その形状が測定期間に応じて変動する

ことが判明している [22]．これを確認するため，まず本節では短期的な評価として上記 1. を説明する．加えて，推定した混合分布から保全度と修復率を評価する方法にも触れる．2. は長期的な評価であり，**3.4** 節で説明する．

3.3.1 分布の推定

例えば，評価の対象とする装置名称を『装置 A』として，既出の故障データ `outage` から，以下の条件に合致するデータを関数 `subset()` で抽出し，その修復時間の対数変換値を `tau` に付値する．

1. 故障装置が装置 A である
2. サービスが中断した故障である
3. 故障発生日時が特定の半年間（**3.1** 節参照）の範囲内にある
4. サービスが中断した時間が正の値である

4 番目の条件は，ユーザにほとんど影響のない瞬断故障を除くことを意図している．

抽出に際しては，分単位で計測した修復時間の値に ± 0.5 分の範囲の一様

修復時間分布（短期間）の評価

乱数を事前に加える．これは，同値のデータを含むと **2.2.1** 節で述べた最尤法を適用する際にエラーが発生する可能性があることと，元々の計測値が分単位に丸められているため，これを乱数で擬似的に再現する意味がある．

```
1  outage$修復時間 <- outage$修復時間 +
2    runif(nrow(outage), min = -0.5, max = 0.5)
3  tau <- log(subset(outage, 故障装置 == "装置A" &   ## S~Eは半年間
4           故障発生日時 >= S & 故障発生日時 < E &
5           サービス中断 == 1 & 修復時間 > 0)$修復時間)
```

次のコードで，tau のヒストグラムとカーネル密度を作成する（図 3.4）．

```
6  hist(tau, freq = FALSE, axes = FALSE, xlab = "log(τ)",
7       ylab = "密度", main = "", breaks = "Scott")
8  axis(2)
9  box()
10 lines(density(tau), lwd = 3, col = "blue")
```

本図から，カーネル密度は山が二つあるように見える．つまり，モデル数 2 の混合対数正規分布に従うものと考えられる．ここで，修復時間が混合対数

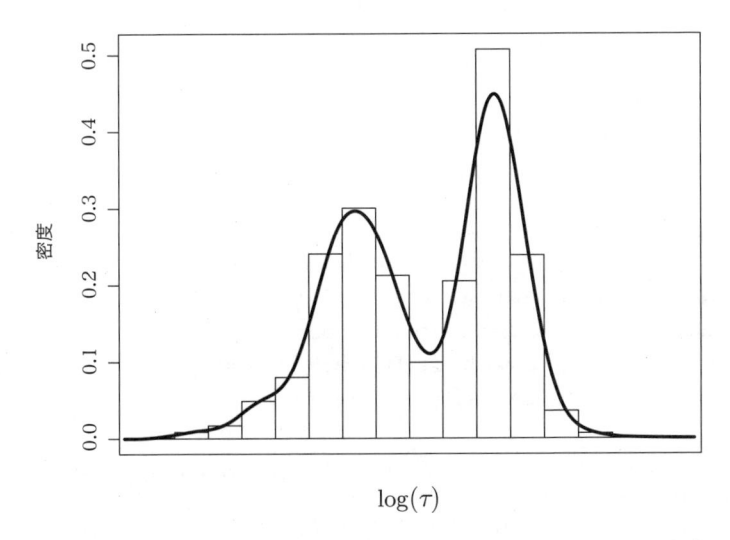

図 3.4 修復時間（対数変換後）のヒストグラムとカーネル密度

正規分布に従うことと，修復時間の対数変換値が混合正規分布に従うことは等価であることを注意する．しかし，本当にモデル数 2 が適切かどうかを見極めねばならない．そのために，2.2.1 節で説明した最尤法を用いて，モデル数を変えながら tau に対する最適な混合正規分布を推定する．ただし，先に定義した関数 opt.mix2() では，推定する母数の初期値を要するため，試行錯誤するとしても効率が悪い．一方，EM アルゴリズム[*1] を用いた，簡単な混合分布の推定を行うライブラリが幾つかあり，mclust ライブラリ[*2] は文献 [23] でも取り上げられている．しかし，これは非商用目的の利用に限りフリーなため，本書では代わりに mixtools ライブラリ[*3] を用いる．本ライブラリで混合正規分布の推定を行う関数は normalmixEM() であり，第 1 パラメータに標本ベクトル，第 2 パラメータ (k) にモデル数を取る．戻り値は推定した母数や対数尤度などを含むリストである．normalmixEM() で k を用いると，初期値を指定しないでも混合分布の母数が推定される．しかし，内部で乱数を用いるため，毎回同じ結果が得られるとは限らない．比率 lambda，平均 mu，分散 sigma の初期値をベクトル形式で渡すと，そのような問題は起らない．詳細は normalmixEM() のヘルプページを参照のこと．

例えば，normalmixEM() の結果を初期値として 2.2.3 節で定義した opt.mix2() と 2.2.4 節で定義した関数 MixDist() を使い，確率分布型のオブジェクト tau.dist を得るには次のようにする．ただし，tau.dist は修復時間 τ の対数変換値 tau に対する確率分布型のオブジェクトであり，τ に対応するものではないことを注意する．

```
1 library(mixtools)
2 library(distr)        ## 既に呼び出していれば不要
3 mix.tau <- normalmixEM(tau, k = 2)
4 mix.tau.par <- c(mix.tau$lambda[1], mix.tau$mu[1],
5                  mix.tau$sigma[1], mix.tau$mu[2],
6                  mix.tau$sigma[2])
```

[*1] 最尤法で母数を推定する方法の一つであり，観測不可能な潜在変数を含むと想定される場合にも用いることができる．
[*2] 標準ライブラリではないため，各人でインストールする必要がある．付録 A 参照．
[*3] 標準ライブラリではないため，各人でインストールする必要がある．付録 A 参照．

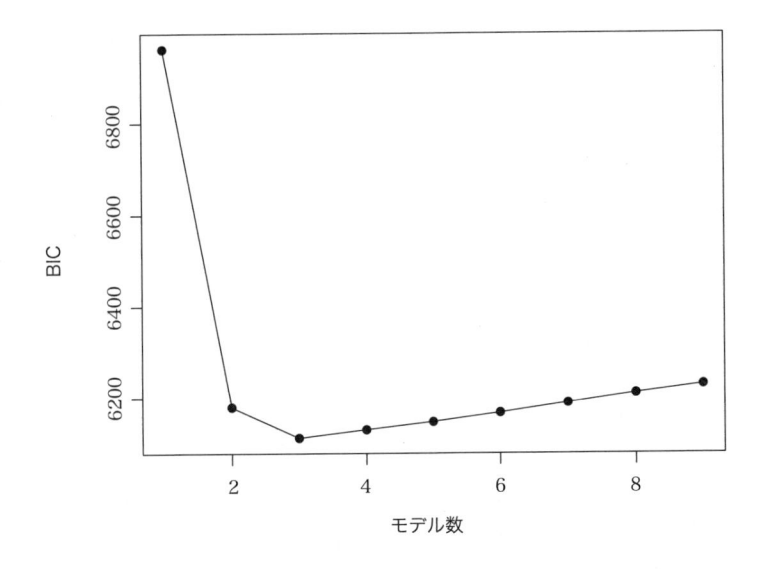

図 3.5 修復時間分布のモデル数に対する BIC の推移

```
7 opt.tau <- opt.mix2(tau, mix.tau.par)
8 tau.dist <- MixDist(opt.tau$par)
```

多くの場合，normaimixEM()で推定した結果と，それを初期値として最尤法を用いた結果はおおむね一致する．opt.mix2()を定義したことは無駄にも思われるが，たまたま既存ライブラリで混合正規分布が推定できただけであり，それ以外の複雑な関数を最適化する場合，最尤法を利用した数値解析を行うことになる．その意味で，自分で最尤法を行う関数が作成できると応用範囲が広がる．

モデル数と BIC の推移は図 3.5 のようになる．BIC が最も低い値となるモデル数は 3 だが，比較として 2 の場合の結果も含め，混合正規分布を推定した結果を図 3.6 に示す．実線がモデル数 2，一点鎖線がモデル数 3 の推定結果である．モデル数 3 の推定結果の方が，モデル数 2 の結果と比較して，カーネル密度（破線），ヒストグラムとの一致性が高いようにも見受けられるが，実際の修理手順と照らし合わせると，左の山は遠隔保守拠点からリセットを行うことで仮回復させ，その後交換して復旧した場合に対応する．右の

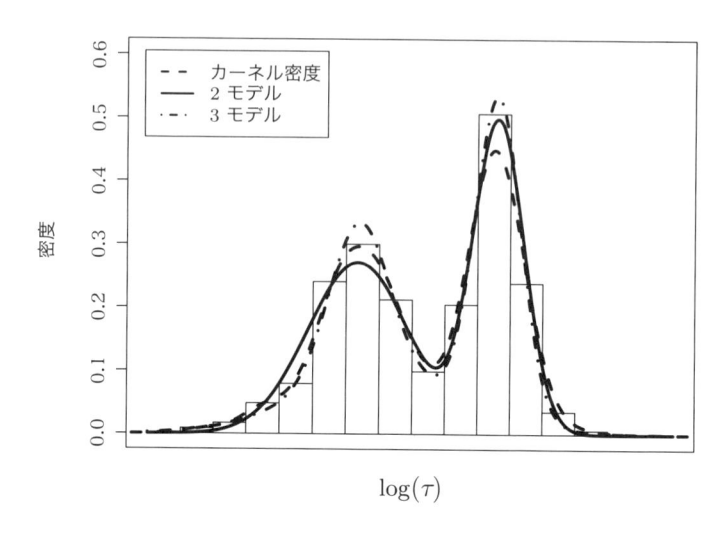

図 3.6 修復時間（対数変換後）の混合分布の推定結果

山は故障が発生してから現地で交換作業を行うまで回復しなかったものに対応する．このような照合作業を考慮すると，モデル数 2 でも十分な結果となる．

3.3.2 保全度と修復率の計算

推定した混合対数正規分布を用いて，保全度と修復率を R で計算する．

3.3.1 節では，修復時間の対数変換値が混合正規分布に従うことを示したが，保全度と修復率の計算のため，対数変換前の元データ（±0.5 分の一様乱数は加えた後の状態）で考える．また，モデル数は 2 として，先程求めた opt.tau を利用する．

まず，元データのヒストグラムと，モデル数 2 の混合対数正規分布の確率密度関数のグラフを表示する R コードを示す．ここでも 2.2.4 節で述べた distr ライブラリを用いて計算を簡略化する．

```
1 library(distr)    ## 既に呼び出していれば不要
2 MixDistL <- function(p){
3   Type <- "Lnorm"
4   nmix <- 1 + (length(p) - 2) %/% 3
```

```
5    mix <- c(p[1:(nmix - 1)], 1 - sum(p[1:(nmix - 1)]))
6    p <- p[-(1:(nmix - 1))]
7    mu <- p[2 * (1:(length(p) %/% 2)) - 1]
8    sigma <- p[2 * (1:(length(p) %/% 2))]
9    Command <- "UnivarMixingDistribution("
10   for(i in 1:nmix)
11     Command <- paste(Command, Type, "(",
12                     paste(mu[i], sigma[i], sep = ","),
13                     "),", sep = "")
14   Command <- paste(Command, "mixCoeff=c(",
15                   paste(mix, collapse = ","),
16                   "))", sep = "")
17   return(eval(parse(text = Command)))
18 }
19 Tau.dist <- MixDistL(opt.tau$par)
20 hist(exp(tau), breaks = "Scott", xlim = c(0, 200),
21      xlab = "tau", ylab = "Density", main = "", axes = F,
22      ylim = c(0, 0.04), freq = FALSE)
23 curve(d(Tau.dist)(x), lwd = 3, col = "red",
24       n = 1000, add = TRUE)
25 axis(2)
26 box()
```

2.2.4 節で定義した関数 MixDist() を MixDistL() と修正し，対数正規分布に対応させる．MixDist() との違いは，3 行目の Type を正規分布型のオブジェクトを返す関数名（Norm）から対数正規分布型のオブジェクトを返す関数名（Lnorm）に変更したことだけである．これを用いて，混合対数正規分布型のオブジェクト Tau.dist を作成する．次に，関数 exp() で修復時間を復元し，ヒストグラムを描く．最後に Tau.dist に対してメソッド関数 d() で確率密度関数を求め，そのグラフを赤い太線で重ねる．その結果は図 3.7 に示す．ヒストグラムと推定した確率密度関数はおおむね一致している．

次に保全度と修復率を計算する．実は，表 1.2 の関係から，大半の計算は完了している．なぜなら，保全度 $M(\tau)$ は確率変数 τ の確率分布関数なので，この場合は混合対数正規分布型のオブジェクト Tau.dist に対するメソッド

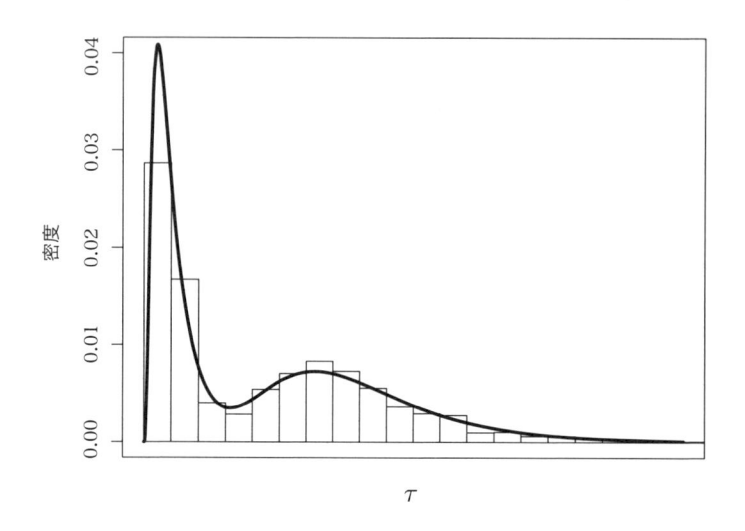

図 3.7 修復時間のヒストグラムと推定した混合分布の密度関数

関数 p() が使える．また，このときの確率密度関数 $m(\tau)$ は，既にメソッド関数 d() で求めており，修復率 $\mu(\tau)$ は故障率と同様，式 (1.24) をほぼそのまま R の関数に直すことで定義できる．メソッド関数 p() でも，**1.4.2.1** 節で説明した lower.tail = FALSE が使える．

```
1  mu <- function(Model, x)              ## Model は確率分布型オブジェクト
2    d(Model)(x) / p(Model)(x, lower.tail = FALSE) ## x はパラメータ
```

これを用いた $M(\tau)$ と $\mu(\tau)$ のグラフを描く R コードは次のようになる．2 種類のグラフを同時に描くため，**1.4.1.1** 節の図と同様に plotrix ライブラリの関数 twoord.plot() を用いる．twoord.plot() はプロットする点列を取るため，描画したい範囲の定義域（ここでは $[0, 120]$ とした）で個数 1000 の等差数列を関数 seq() で作成し，X に付値する．次に，定義した関数 mu() を使い，Tau.dist の X に対応する保全度を計算し，Y1 に付値する．更に，メソッド関数 p() で保全度を計算し，Y2 に付値する．以上の X, Y1, Y2 を twoord.plot() に渡して，グラフを作成する．実行結果を**図 3.8**に示す．

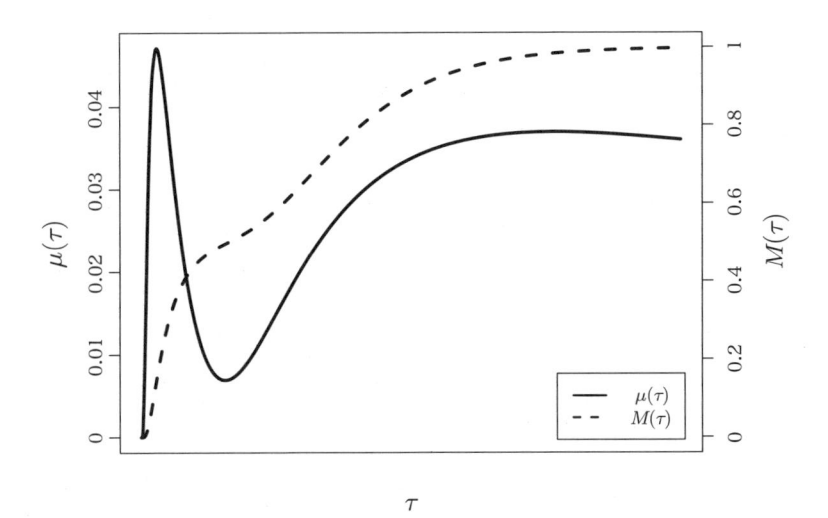

図 3.8 保全度と修復率のグラフ

```
1  library(plotrix)   ## 既に呼び出していれば不要
2  X <- seq(0, 120, length.out = 1000)
3  Y1 <- mu(Tau.dist, X)
4  Y2 <- p(Tau.dist)(X)
5  twoord.plot(X, Y1, X, Y2, type = "l", lwd = 3,
6              xlab = "tau", ylab = "mu(tau)", rylab = "M(tau)")
7  legend("bottomright", c("mu(tau)", "M(tau)"),
8         col = c("black", "red"), lwd = 2, inset = 0.03)
```

3.4 修復時間分布（長期間）の評価

3.4.1 データの準備

前節では，特定の半年間に発生した故障の修復時間分布を検討した．この分布は，保守要員の習熟度や手順の効率化などにより，時間の経過に応じて変化することが考えられる．本節ではカーネル密度による短期的な評価を継続的に繰り返すことで，長期的な評価を行う．パラメトリックな方法を用いないのは，計算の手間がかかるためと，前節での分析結果から，カーネル密度でも簡易に概要を把握できるためである．

これまでに用いた故障データ outage を元に，R コードで説明する．

```
1  library(chron)   ## 既に呼び出していれば不要
2  S <- chron(dates = dates("2007/04/01", format = "y/m/d"),
3             times = "00:00:00")
4  E <- chron(dates = dates("2010/04/01", format = "y/m/d"),
5             times = "00:00:00")
6  outage.eqpA <- subset(outage,
7                       故障装置 == "装置A" & サービス中断 == 1 &
8                       故障発生日時 >=S & 故障発生日時 <E &
9                       修復時間 > 0)
10 outage.eqpA$修復時間 <- outage.eqpA$修復時間 +
11   runif(nrow(outage.eqpA), min = -0.5, max = 0.5)
12 z <- matrix(nrow = E - S - 180 + 1, ncol = 512)
13 for(i in 0:(E - S - 180)){
14   s <- S + i
15   e <- s + 180
16   idx <- which(outage.eqpA$故障発生日時 >= s &
17                outage.eqpA$故障発生日時 < e)
18   z[i + 1,] <- density(log(outage.eqpA$修復時間[idx]),
19                        from = 0, to = 6)$y
20 }
```

測定の全範囲を，2007 年 4 月 1 日 0 時 0 分から 2010 年 4 月 1 日 0 時 0 分までとして，これらを S と E に付値している．次に，評価の対象とする装置名称を『装置 A』として，3.3.1 節と同様の条件でデータを関数 subset() で抽出し，outage.eqpA に付値する．その上で，短期的な評価と同様に ±0.5 分の一様乱数を修復時間に加える．

12 行目以降のコードが長期的な分析に対応する．まず，分析結果を格納する，$E - S - 180 + 1$ 行 512 列の行列 z を定義する．その上で，短期的な分析期間を 180 日間として，1 日単位に範囲をずらしながら，該当する故障の修復時間の対数値のカーネル密度を関数 density() で求める．例えば，z の 1 行目 $z[1,\ ]$ には，期間 $[S, S+180)$ （日）に発生した装置 A 故障の修復時間（対数変換値）のカーネル密度が入る．2 行目 $z[2,\ ]$ も期間を $[S+1, S+180+1)$ （日）として同じ処理を繰り返し，最終行

z[E - S - 180 + 1,] には期間を [E − 180, E] (日) とした分析結果が入る．

関数 density() は，標本（データ）から分析範囲を自動的に決定し，その区間をデフォルトで 512 分割してカーネル密度の計算を行う．z の列数を 512 としたのはこのためである．しかし毎回分析範囲が変動すると，長期的な比較を行えなくなるため，関数 density() にパラメータ from と to を追加し，範囲を [0, 6] に固定する．これは，装置 A の修復時間が [1, exp(6)] の範囲内にあることを事前に確認して設定しており，他の装置，あるいは別の期間にも適用できるとは限らない．

3.4.2 分析結果の表示

ここまででデータの準備が完了したので，グラフとして表示する．最初に描画するウィンドウのサイズを，グラフィックウィンドウを初期化する関数 win.graph()[*4] で指定する．パラメータ width と height の単位は，デフォルトではインチである．次に，x, y にそれぞれ z の行と列に対応するインデックスを付値する．これらを，行列をイメージ表示する関数 image() に与え，z の図を描く．色は，z の要素の値に応じて 10 段階に変化し，最小値から最大値が，水色から赤にグラデーションするように設定している (cm.colors(10))．関数 image() は，行列 z だけを設定しても動作する．この場合，x 軸，y 軸の範囲はそれぞれ [0, 1] と解釈され，色も赤から黄色を経て白に 12 段階でグラデーションする (heat.colors(12))．ここまででも修復時間の長期的な変動は把握できるが，この上に等高線図を関数 contour() で重ねる．等高線の水準数 (nlevels) は，グラデーションの階数とそろえて 10 にし，image() に上書きするために add = TRUE を与える．

```
1 win.graph(width = 10, height = 7)
2 x <- 1:(E - S - 180 + 1)
3 y <- seq(0, 6, length.out = 512)
4 image(x, y, z, col = cm.colors(10), axes = FALSE,
5       xlab = "測定期間", ylab = "log(修復時間)")
6 axis(1); box()
7 abline(v = 200, lwd = 2, lty = 2)
8 contour(x, y, z, nlevels = 10, add = TRUE)
```

[*4] Windows 専用の関数である．

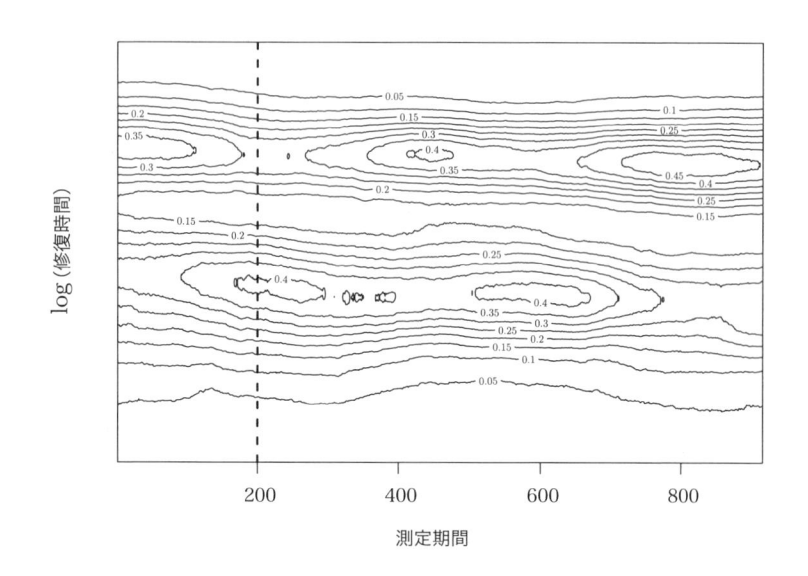

図 3.9 修復時間（対数変換後）のカーネル密度の時系列推移

以上のコードで，実際の故障データを分析した結果（等高線図のみ）を**図 3.9** に示す．x 軸の目盛で 200 となっている部分は，破線で示す $x = 200$ の断面が，期間 $[S + 200, \ S + 200 + 180)$（日）のカーネル密度であることを意味する．この装置の修復時間は長期的に二つの山を持ち，それぞれの山は時間の経過に応じて徐々に短くなる方向に推移していることが分かる．なお，時間の短い方の山は遠隔保守拠点からリセットやリブートを実施して仮復旧させ，別途交換や修理を行った故障に対応する．時間の長い山は，故障発生から現地で修理を行うまでの間回復しなかった故障に対応する．**図 3.4** は，本図において，$x = 730$ での断面に対応する．

一方，三次元画像として表示させる方法もある，例えば `rgl` ライブラリ[*5]の関数 `persp3d()` を使うと，行列を三次元俯瞰図として表示でき，ウィンドウをマウスでつかんで，俯瞰図の視点をインタラクティブに動かすことができる．なお，現状の `rgl` ライブラリでは日本語が表示できない．

[*5] 標準ライブラリではないため，各人でインストールする必要がある．付録 A 参照．

```
> library(rgl)
> persp3d(x, y, z, col = cm.colors(10), axes = FALSE)
```

デフォルトの状態では，俯瞰図が図 3.10 のように立方体状に見えてしまうので，次のように適宜スケールさせ，かつ aspect = FALSE でアスペクトの調整を停止させると，視認性が向上する場合がある．

```
> persp3d(x, y * 70, z * 200, col = cm.colors(10),
+         axes = FALSE, aspect = FALSE)
```

ここでは y 軸の値を 70 倍，行列 z の値を 200 倍しているが，これらの倍率は経験的な調整を伴う（図 3.11）．また，persp3d() で表示した図をマウスで動かす作業は計算機の負荷を高める．ここで掲載した図の場合，マウスの動きと図の回転がスムーズに連動しない．このような状態を回避するには，データを間引くことが有効である．つまり，1 日ごとにずらしてカーネル密度を求めるのではなく，間隔を 10 日おきにするなど，z のサイズを小さくするとよい．

本節で説明した分析例では，3.1 節で準備した故障データ outage の修復時間を利用したが，現地対応，あるいは地域といった各種フラグによる分類を行っていない．これらを利用して同様の分析を行うと，特徴的な結果が得

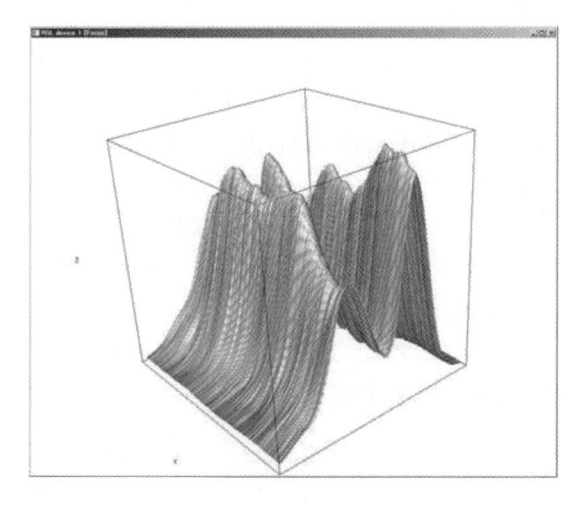

図 3.10　カーネル密度の時系列推移の三次元表示（その1）

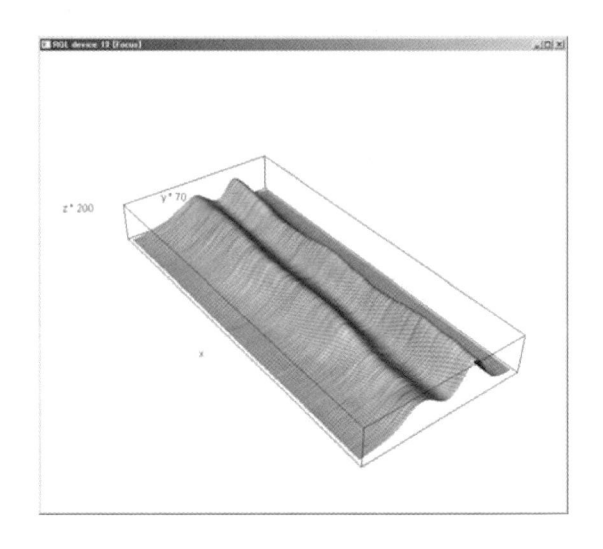

図 3.11　カーネル密度の時系列推移の三次元表示（その2）

られることがある．例えば，サービスが中断しなかった故障の修理は，サービスが中断した場合よりも緊急性が低いため，τ の分布は値が大きい方向にシフトすることがある．また，保守手順にローカルルールを設ける地域もあり，そこでの修復時間分布と他を比べると違いが見られることもある．

最後に，本節と同じ方法論が利用できる事例について簡単に触れる．通信ネットワーク装置の故障影響規模は混合正規分布に従い，そのときのモデル数は装置の故障箇所に対応する [24]．例えば，ある装置の影響規模がモデル数が 2 の混合正規分布で表せるとすると，影響規模が小さい方の山はインタフェースやポート単位の部分的な故障に対応し，大きい方の山はスイッチや電源など共通部の故障に対応する．通信ネットワークに属するユーザが故障に遭遇するという事象はポアソン分布に従うが，**1.4.2.2** 節で述べたように，正規分布で近似できる性質を利用している．

3.5 規模別不稼働率の計算

3.5.1 手順の概要

通信ネットワークでは,アベイラビリティとして稼働率,あるいは不稼働率が用いられる.現在の通信ネットワークの信頼性は非常に高く,ユーザから見てサービスが常に利用できて当然ともいえる状況にある.その中で,通信サービス提供者が信頼性の維持や向上を図るためには,故障などの原因によりサービスが提供できなかった事象と真摯に向き合う必要がある.以上の理由から,稼働率ではなく不稼働率を用いる.

通信ネットワークのアベイラビリティとしては,1.3.3 節で述べた定義のうち,機能を維持する時間の割合を用いることが多い.これは **SLA**(Service Level Agreement)により,ユーザにサービス品質を保証する内容を契約に含むようになったためである.信頼性の観点では,利用不能時間に応じて料金の一部あるいは全額を返却するような項目が含まれることがある.前述のように通信サービスはほぼ常に利用できるという前提に立てば,アベイラビリティを時間の割合として扱うことは理に適っている.

SLA では,各ユーザとの契約において下式の尺度を用いることが多い.

$$U_A = \sum_i \frac{\tau_i}{T} \tag{3.3}$$

i は測定期間 $[0, T]$ における故障であり,τ_i は各故障に対する修復時間(サービスが停止した時間)を表す.一方,通信ネットワークの保守運用では,下式を用いることもある.

$$U_B = \sum_i \frac{n_i}{N_i} \frac{\tau_i}{T} \tag{3.4}$$

本式は,式 (3.3) を拡張し,特定のユーザ[*6] から任意のユーザ[*7] を対象とし

[*6] ある故障による影響を実際に受けるユーザ.
[*7] 該当ネットワークに属する平均的なユーザ(ある故障が発生したとき,その影響を実際に受けるとは限らない).

ている．N_i は故障 i が発生したときにネットワークに属する総ユーザ数，n_i は故障 i により直接影響を受けるユーザ数（影響規模）である．なお U_A，U_B は説明の便宜上付けた．

これらは，特定か任意かの違いはあるにせよ，1 ユーザに対する不稼働率を測る尺度であり，故障による影響規模と不稼働率の関係が分からない．そこで筆者らは**規模別不稼働率** $\widehat{U}(x)$ を提案した [25]．本式は，不稼働率を影響規模 x の関数であるとみなし，影響規模の大きさに従って不稼働率の値を変化させることに特徴を有する．

$$\widehat{U}(x) = \sum_{\forall i;\, n_i \geq x} \frac{n_i}{N_i} \frac{\tau_i}{T} \tag{3.5}$$

具体例を**図 3.12** に示す．あるネットワークにおいて，測定期間 $[0, T]$ の中で 3 件の故障が発生したと仮定する．このときの総ユーザ数は全て N であり，それぞれの影響規模が n_1, n_2, n_3（ただし $n_3 < n_1 < n_2$），サービス停止時間が τ_1, τ_2, τ_3 であったとすると，不稼働率は $\widehat{u}_i = \frac{n_i \tau_i}{NT}$ で表される（$i = 1, 2, 3$）．$n_3 < n_1 < n_2$ という関係から，まず幅 n_2，高さ $\widehat{u}_2$ の長方形ブロックを置く．その上に幅 n_1，高さ $\widehat{u}_1$ のブロック，最後に幅 n_3，高

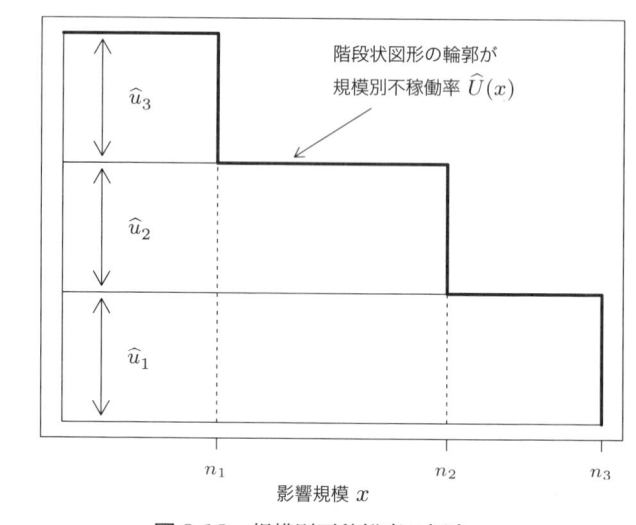

図 3.12 規模別不稼働率の概念

さ $\hat{u}_3$ のブロックを置く．こうしてできる階段状図形の輪郭が，このネットワークの規模別不稼働率となる．

規模別不稼働率により，不稼働率と故障影響規模の関係を可視化できるが，他にも以下のような利点がある．

・ネットワークアーキテクチャに依存しない
・計算量が故障件数にのみ比例する
・$x=1$ において式 (3.4) と一致する

式 (3.5) ではネットワークアーキテクチャに関する情報を必要としないため，どのようなネットワーク構成でも規模別不稼働率が計算できる．また，和の条件は故障件数にのみ依存することから，計算量は故障件数に比例する．そして，影響規模 $x=1$ での値は式 (3.4) と一致することから，実業務に対する親和性も高い．

3.5.2 R での分析例

例えば，**3.1** 節の図 **3.1** で示した故障データが sample.xls にあるとする．シート名は Sheet1 と仮定する．このデータによる，R での規模別不稼働率の計算を行うコードを以下に示す．測定期間 T は 2 日間とする．

```
1  library(RODBC)    ## 既に呼び出していれば不要
2  tmp <- odbcConnectExcel("sample.xls")    ## データの読込み
3  sample.outage <- sqlQuery(tmp,
4             "select * from [Sheet1$] where サービス中断 = 1")
5  odbcClose(tmp)
6  sample.outage$故障装置 <- as.character(sample.outage$故障装置)
7  sample.outage$地域 <- as.character(sample.outage$地域)
8  sample.outage$故障発生日時 <-
9    trans.chron(sample.outage$故障発生日時)
10 sample.outage <- sample.outage[order(sample.outage$影響規模), ]
11 ##
12 ## 規模別不稼働率の計算と元データへのマージ
13 u1 <- sample.outage$影響規模 * sample.outage$修復時間 /
14   (sample.outage$総ユーザ数 * 2 * 24 * 60)
```

```
15  sample.outage <- transform(sample.outage, 不稼働率 = u1)
16  u2 <- (sum(u1) - c(0, cumsum(u1[-length(u1)])))
17  sample.outage <- transform(sample.outage, 規模別不稼働率 = u2)
18  ##
19  ## 装置の色の設定
20  eqp.col <- c("red", "blue", "cyan", "green")
21  names(eqp.col) <- c("装置A", "装置B", "装置C", "装置D")
22  ##
23  ## 規模別不稼働率を描く関数の定義
24  draw.unavail <- function(outage, color){
25    plot(outage$影響規模, outage$規模別不稼働率, type = "n",
26         xlim = c(1, max(outage$影響規模)),
27         ylim = c(0, outage$規模別不稼働率[1]),
28         xlab = "影響規模", ylab = "規模別不稼働率", log = "x")
29    rect(rep(1, nrow(outage)),
30         sum(outage$不稼働率) - cumsum(outage$不稼働率),
31         outage$影響規模, outage$規模別不稼働率,
32         col = color[outage$故障装置])
33    legend("topright", names(color), fill = color, inset = 0.03)
34  }
```

2〜9行目は，**2.1**節及び**3.1**節で述べた方法でExcelファイルを読み込み，文字列データと日付型データを変換している．ここでの故障データ名はsample.outageとした．規模別不稼働率はサービスが停止した故障だけを対象とするため，RODBCライブラリの関数sqlQuery()で，Excelファイルからデータを抽出する条件（where サービス中断 = 1）を設定していることを注意する．10行目では，規模別不稼働率が影響規模の関数になることから，sample.ourageを影響規模が昇順になるように並べ替える．

13〜17行目で，実際の規模別不稼働率を計算する．まず13〜14行目で，式(3.5)の説明で述べた，各故障に対する不稼働率$\hat{u}_i$を計算し，u1に付値する．一般に，不稼働率も含むアベイラビリティは単位を持たない．修復時間が分単位の値であることから，2日間という測定期間を分単位に変換した値（2 * 24 * 60）を分母に用いている．次に関数transform()を用い，u1

規模別不稼働率の計算　　　　　　　　　　109

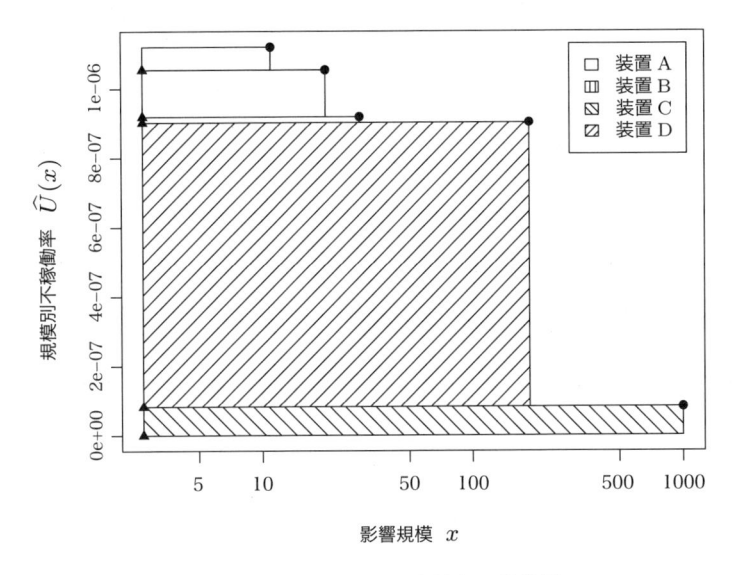

図 3.13　規模別不稼働率の計算例

を『不稼働率』の名称で sample.outage の新規項目としてマージする．そして，不稼働率から規模別不稼働率を計算して u2 に付値し，u1 と同様に sample.outage に『規模別不稼働率』の名称でマージする．u2 の計算の中身については後述する．

20 〜 21 行目では，各故障に対する不稼働率の長方形ブロックを塗り潰す色を指定するベクトルを定義している．20 行目で色を指定するベクトルを eqp.col に付値し，21 行目で各要素の名前を装置名に対応させるように設定している．これで，eqp.col[" 装置 A"] に対して "red" が返るようになり，コードを作成する際に直感的な理解がしやすくなる．

24 〜 34 行目では，規模別不稼働率を描く関数 draw.unavail() を定義する．これは故障データ（outage）と装置の色を表す文字列ベクトル（color）を取る．規模別不稼働率の概形は outage$影響規模 と outage$規模別不稼働率の組で表示できるため，関数の中身としてはまず 25 〜 28 行目で outage$影響規模 と outage$規模別不稼働率 の組を表示するだけの枠を確保している．type = "n" により，データはプロットされない．また，log = "x" で横

軸だけを対数表示している．29〜32 行目では，各故障に対する不稼働率の長方形ブロックを，長方形を描く関数 *rect()* で描く．詳細は先程の *u2* と合わせて述べる．最後に図の凡例を表示する．各装置の色を表示するために，*legend()* にパラメータ *fill* を指定している．

定義した関数 *draw.unavail()* を実行したものと同等の結果は図 3.13 のようになる．装置 B の故障はサービスが中断しておらず，表示されてない．

```
> draw.unavail(sample.outage, eqp.col)
```

規模別不稼働率を求める R コードの中で *u2* に付値したものは，図 3.13 の●で示す，全ての長方形ブロックに対する右上の頂点の y 座標を求めている．関数 *draw.unavail()* 中の *rect()* は，第 1 パラメータ (*rep(1, nrow(outage))*) が図中の▲で示す，全ての長方形ブロックに対する左下の頂点の x 座標を表す．第 2 パラメータ (*sum(outage$不稼働率) - cumsum(outage$不稼働率)*) は▲の y 座標である．第 3 パラメータ (*outage$影響規模*) は●の x 座標であり，第 4 パラメータ (*outage$規模別不稼働率*) は *u2* と同義である．*rect()* はベクトル化されているので，このように複数の長方形の座標を取ることができる．第 5 パラメータ (*col = color[outage$故障装置]*) で，各長方形ブロックを塗り潰す色の指定を行う．色を表す文字列ベクトル *eqp.col* の各要素に装置名を対応させたのは，ここで用いるためである．なお，*draw.unavail()* だけでは●や▲は表示されない．あくまでも本図の説明用に重ねている．

この場合，装置 D の故障に対する影響規模と不稼働率が相対的に大きく，信頼性を損なう主要因であることが分かる．数式を適切にグラフ化することで，視覚的な理解を深めることができる．R は統計解析以外にも図形描画に関する豊富な関数も備えており，このような目的には最適なツールである．

第 4 章

通信ネットワークの
信頼性管理

　前章までに，通信ネットワークの信頼性評価を R で行う方法について述べた．これらの技術により，修理系であり，かつ運用途中に装置台数やユーザ数が変動するという特殊な条件下でも，一般的な信頼性工学の方法に準じた信頼性評価が行える．

　本章では，これら評価技術を応用，発展させることで，通信ネットワークの信頼性をいかに管理するかを論じる．まず，通信ネットワークの信頼性設計の基本的な考え方について説明し，次に故障による社会的影響を定量化する方法を述べる．そして，これらを組み合わせて通信ネットワークの信頼性管理を行う方法と，その結果を次期ネットワーク開発へフィードバックする方法を述べる．

4.1　通信ネットワークの信頼性設計

　まず，通信ネットワークにおける信頼性設計の考え方について説明する．通信ネットワークは社会基盤としての性質を有するため，高い信頼性が要求される．ユーザから見て信頼性が高い状態とは，故障しない，あるいは故障してもサービスが中断しないことを指すが，そのようなネットワークを経済性を両立しながら構築するのは実質的に不可能である．そこで，せめて大規模故障ほど起こりにくくするネットワークを構築し，ユーザに対して安定したサービスを提供しなければならない．ただし，この考え方はサービスを提供する側の最低限の責務としてこうすべき，ということであり，ユーザの同

意に基づいたものではない点に注意が必要である．

大規模故障ほど起こりにくくするという考え方は定性的なので，実際には何らかの尺度を用いた定量化が必要となる．様々な尺度が考えられるが，ここでは不稼働率を用いる．不稼働率はサービスが提供できなかった時間の割合と解釈でき，通信サービスとの親和性が他の尺度よりも高いためである．とはいえ，あくまでもメインに考えるということであり，他の尺度を用いた評価を行わないということではない．この考え方を不稼働率を用いて表現すると，影響規模が大きい故障ほど不稼働率を低下させる，ということになる．つまり，影響規模 x に対して不稼働率を x の関数 $f(x)$ と見る．この $f(x)$ を**規模別不稼働率目標値**と呼ぶ．

能條 [26] は，固定電話サービス（加入者系区間）の故障において，影響規模 x に応じた社会的影響を定量化する尺度である**社会的迷惑量** $L(x)$ を提案した．机上検討の結果，$L(x) \propto x^{1.5}$ と定め，1 ユーザ当たりの未知の $f(x)$ と $L(x)$ の期待値を一定にするという考え方を提案した．

$$\frac{f(x) \cdot L(x)}{x} = C \quad (C：定数) \tag{4.1}$$

これに $L(x) \propto x^{1.5}$ を代入して整理すると，$f(x)$ の関数形が得られる．

$$f(x) \propto \frac{C'}{\sqrt{x}} \quad (C'：定数). \tag{4.2}$$

$x \to 1$ では $f(x)$ の値が大きくなりすぎ，目標値として現実的に許容できなくなるため，実際にはシフトパラメータ c を組み込むことで

$$f(x) = \frac{C'}{\sqrt{x+c}} \tag{4.3}$$

とする．C' や c は，過去の実績や電気通信事業法など [27, 28] の数値目標から経験的に定める必要がある．

$f(x)$ を用いて通信ネットワークの信頼性設計を行うには，原則的には次のようにする [29]．

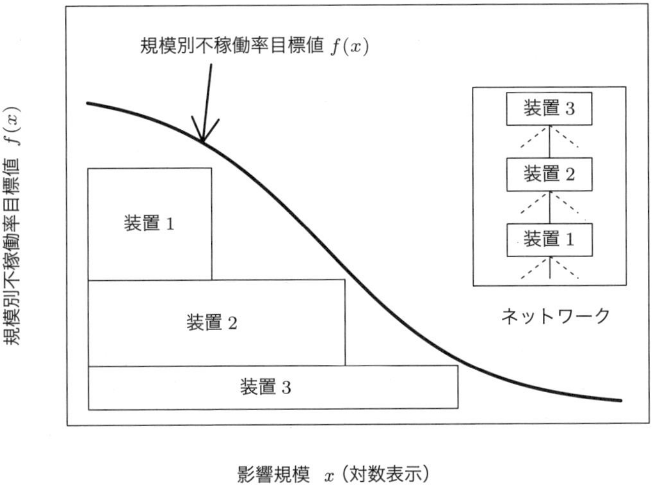

図4.1 信頼性設計の概念

1. 装置カタログ値の MTBF から故障率を算出する（**1.4.2.1**，**1.6.4** 節参照）．
2. 過去の故障実績から MTTR を算出する．
3. 1. と 2. から装置ごとの不稼働率を算出する．不稼働率は故障率と MTTR の積から計算可能である．
4. ネットワーク設計を元に，影響規模（装置の最大収容数）の大きい装置から順に，幅が影響規模，高さが不稼働率である長方形状のブロックを積み重ねる．
5. $f(x)$ との比較を行い，積み重ねた不稼働率ブロックが $f(x)$ を超える場合は以下のような対策を講じて再評価を行う．
    - 装置への収容数制限を行い，影響規模を小さくする．
    - 高信頼（故障率が低い，あるいは修復時間が短い）装置に代替する．
    - 迂回路の設置などの冗長化を行う．

以上の手順を**図 4.1** に示す．**3.5** 節の規模別不稼働率 $\widehat{U}(x)$ と基本的には同じ作業になるが，こちらの場合は MTBF と MTTR を用い，かつ各装置の

影響規模は最大収容数で見積もるため,積み上げる長方形ブロックの一つ一つの形状が,$\widehat{U}(x)$ の場合と比較して大きくなる傾向がある.

本方法には,$f(x)$ を定めることで通信ネットワークの設計／構築が画一的な方法で実施できるという利点がある.このことは,信頼性の専門家でなくとも,決められた手順に従うことで,適切な信頼性を確保した通信ネットワークの設計／構築が行えることを意味する.

しかし,次のような課題もある.

- $f(x)$ は相対的な尺度にすぎず,$L(x)$ も含めた妥当性を,実データで十分に検討する必要がある.
    - 同一サービスであっても,ユーザ層や利用シーンは時間の経過に応じて変化するため,サービス開始当初に定めた $f(x)$ を使い続けることが適切とは限らない.
    - 装置の MTBF と MTTR がカタログ値の通りになる保証はないので,設計値に対して実態値が大きくずれる可能性もある.
    - そもそも $f(x)$ 導出の考え方はユーザ側の論理ではない(使う側から見れば,故障すること自体が許されない).
- 不稼働率ブロックの積み上げによる信頼性設計自体が誤解を招く場合がある.確率の期待値の議論にすぎないことを忘れてはならない.
    - 通信ネットワーク故障による修復時間は混合対数正規分布に従うため,MTTR は修復時間分布を適切に代表する値とはいえない(**1.6.2** 節参照).これにより,Single Point of Failure[*1] となる装置の不稼働率が過大評価される.
    - 冗長構成を取ると,サービス停止に至る故障率が非常に低くなるため,上記の MTTR の問題があるとしても,該当装置の不稼働率は過小評価される.しかし,冗長箇所が全て故障したら数時間サービスが停止することもある.
    - 影響規模が同じなら,修復時間 10 分の故障が 1 回発生する場合と,修復時間 1 分の故障が 10 回発生する場合で,不稼働率は同

[*1] 単一の障害によりサービス停止を引き起こす部分.

じになる.

　最初の項目については，$f(x)$ 自体がサービスを提供する側の論理，それもカタログ値という仮定の上に成り立つものにすぎないことを示す．時として，$f(x)$ のような目標値を定めると，それが一人歩きして，$f(x)$ を下回りさえすれば信頼性は問題ないかのように思われることがあるが，甚だしい誤解である．

　二つ目の項目については，例えば，当選確率が 1 万分の 1，賞金が 100 万円の宝くじを考える．この宝くじを 1 回引くときの期待値は確率と賞金の積で 100 円だが，宝くじを 1 回引くごとに 100 円もらえるわけではない．$f(x)$ と MTBF，MTTR を用いて信頼性設計を行う場合に，ある装置の不稼働率の期待値が 10^{-5} となったとき，その装置は 1 年間に直して約 5.3 分[*2]となる．この値から，その装置は 1 年間で 5 分少々しかサービスが停止しないかのような印象を与えてしまうことがある．期待値の議論では，往々にしてこのような勘違いも生まれやすいので，細心の注意が必要である．

　このように，規模別不稼働率目標値 $f(x)$ を用いる場合には，メリット・デメリットがあることを理解しなければならない．

4.2　故障による社会的影響の定量化

4.2.1　手順の概要

　前節の社会的迷惑量 $L(x)$ は机上検討に基づく概念であり，実際の故障データから，これを裏付ける必要がある．そこで筆者らは，通信ネットワーク故障がユーザに及ぼす社会的影響を定量化した [30]．

　例えば，ある通信ネットワークで 2 件の故障が発生したとする．

故障 1　影響規模 1 万ユーザ，修復時間（サービス停止時間）1 分
故障 2　影響規模 100 ユーザ，修復時間 100 分

[*2] 1 年は 60×24×365 分．不稼働率にこの値を掛けると，単位を持たない不稼働率を分/年の表示に変換できる．

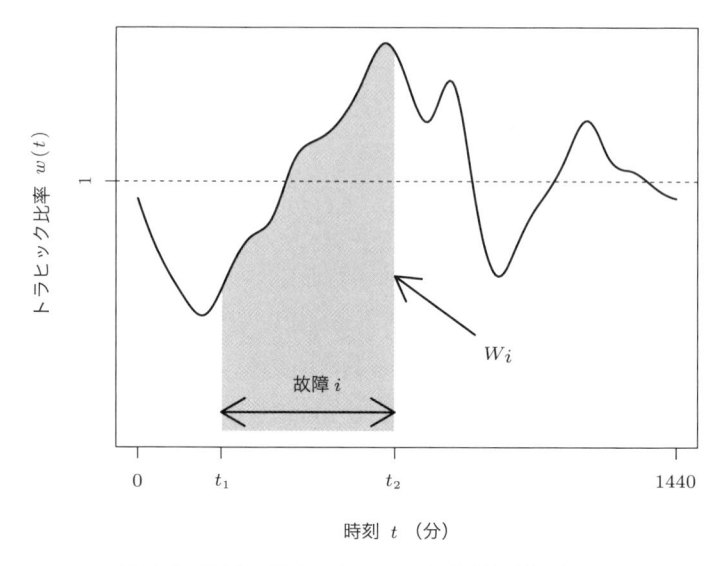

図 4.2 故障に対するトラヒック比率を用いた重み

筆者らの研究内容は，これらの故障に対して以下の課題を検討したことに端を発する．

課題 a　故障 1 と 2 の社会的影響の大きさの比較
課題 b　故障発生時刻の影響の有無
課題 c　先行研究との関係性の明確化

課題 a は，故障 1 と 2 における影響規模と修復時間の積が等しいことから，両者の社会的影響の大きさは等しいとみなす．ただし，故障発生時刻が日中か深夜かで社会的影響に差が出ると考えるのは自然であり，課題 b については故障発生時刻による影響があると考える．課題 c については，課題 a，b を反映したモデルで後述する．

故障 i に対する影響規模を x_i，故障発生時刻を t_i^s，回復時刻を t_i^e，ユーザからの申告件数を y_i とする．また，この通信ネットワークのトラヒックの日内変動を表す関数を $w(t)$ とする．$w(t)$ は利用ユーザ数変動が分かるもので

あれば何でもよく，例えば**呼量**[*3]などを用いる．なお，$w(t)$ は平均が 1 になるような正規化を行う．その上で，下式で定義される W_i を**重み付き修復時間**（あるいは単に**重み**）とする．

$$W_i = \int_{t_i^s}^{t_i^e} w(t)\,dt \tag{4.4}$$

図 4.2 にこの概念を示す．トラヒックの日内変動を，平均が 1 になるよう正規化した $w(t)$ が図の曲線のような形状で表されたとする．このとき，故障 i に対応する重み W_i は，t_i^s から t_i^e までの $w(t)$ の面積に相当する．

次に x_i と y_i それぞれに W_i との積を計算し，**重み付き影響規模** $x_w = \{x_{wi}\}$, **重み付き申告件数** $y_w = \{y_{wi}\}$ と定義する．申告件数も故障発生時刻に応じた増減があるため，重みとの積を考える．課題 c に関して前節で説明したように，能條は通信ネットワーク故障の社会的影響を $L(x)$ で定量化した．通信ネットワーク故障の際に，通信サービス提供者が社会的影響の大きさを知ることができるのは，ユーザからの申告件数である．筆者らが実際の故障データ解析を行った結果，社会的迷惑量と y_w が等価とみなすことで，

$$y_w = L(x_w) \propto x_w^{1.5} \tag{4.5}$$

という関係で表せることを文献 [30] で示した．つまり，通信ネットワーク故障による社会的影響の大きさは影響規模だけでなく，故障が発生した時間帯（利用ユーザ数）と，故障が継続した時間の長さにも依存する．

4.2.2 R での分析例

以上の内容について R で分析を行う．全ての通信ネットワーク故障において，ユーザが必ず申告するとは限らないため，ここでは**図 4.3** のように比較的大規模な故障データを用いる．収集項目は故障発生日時，影響規模，修復時間（単位：分），申告件数，報道（の有無）である．基本的な入力方法は **2.1** 節に準拠する．報道については，ここでは全国版の新聞や TV ニュースで報道されたものを 1，されなかったものを 0 とする．なお，本図に示

[*3] 通信ネットワークで発生する，単位時間当りの延べ通信量

	A	B	C	D	E
1	故障発生日時	影響規模	修復時間	申告件数	報道
2	2005/10/23 15:33	135356	7	856	1
3	2006/1/28 13:11	6270	73	1	0
4	2005/3/29 20:27	34960	19	32	0
5	2006/2/12 13:34	24400	19	40	1
6	2006/2/23 8:59	22700	11	5	1
7	2005/6/21 9:29	3923	5141	765	1
8	2006/1/29 4:20	3773	893	825	1
9	2005/6/15 10:03	10915	70	168	1
10	2005/2/8 14:52	29168	38	69	1

図 4.3 大規模故障データの例

す数値はサンプルであり，実際の故障データではないことを注意する．このデータは large-outage.xls の Sheet1 に保存されているとする．

3.1 節と同様に，*RODBC* と *chron* ライブラリを用いてデータを読み込み，*l.outage* に付値する．*trans.chron()* は 2.1.2 節で定義したものを流用している．

次に，1 時間単位のトラヒック比率が判明しているものして，重みの計算を行う．サービスによっては NTT 東日本[*4]や NTT 西日本[*5]のホームページから公開情報として入手できる場合もあるが，ここでは平均化されたトラヒック比率 $w(t) \equiv 1$ としておく．この妥当性については 4.4.1 節で触れる．

次に，重みを計算する関数 *traffic.weight()* を定義する．パラメータは故障発生日時の *chron* 型オブジェクトのベクトル *fail*，修復時間を表す数値ベクトル *repair*，平均 1 に基準化された 1 時間単位の日内トラヒック比率を表す数値ベクトル *traffic* である．

```
1  library(RODBC)    ## 既に呼び出していれば不要（chron も）
2  library(chron)
3  tmp <- odbcConnectExcel("large-outage.xls")
4  l.outage <- sqlQuery(tmp, "select * from [Sheet1$]")
5  odbcClose(tmp)
6  l.outage$故障発生日時 <- trans.chron(l.outage$故障発生日時)
```

[*4] http://www.ntt-east.co.jp/info-st/network/traffic.html
[*5] http://www.ntt-west.co.jp/open/riyou_jokyou/traffic/traindex.html

```
7   l.outage <- na.omit(l.outage)
8   Weight <- rep(1, 24)   ## 重みを常に 1 と設定
9   traffic.weight <- function(fail, repair, traffic){
10    ## 故障発生時刻を，時刻 0:00 からの経過時間（分）に直す
11    fail.start <- hours(fail) * 60 + minutes(fail)
12    ## 修復時刻を，時刻 0:00 からの経過時間（分）に直す
13    fail.end <- fail.start + repair - 1
14    ## 各故障に対する重みを格納する数値ベクトルを定義する
15    weight <- rep(0, length(fail))
16    ## 次の for ループで実際に重みを計算する
17    for(i in 1:length(fail)){
18      time.count <- rep(0, 24)
19      for(j in fail.start[i]:fail.end[i])
20        time.count[(j %/% 60) %% 24 + 1] <-
21          time.count[(j %/% 60) %% 24 + 1] + 1
22      weight[i] <- sum(time.count * traffic)
23    }
24    return(weight) ## 計算された weight を返す
25  }
26  l.outage <- transform(l.outage,
27                       重み = traffic.weight(l.outage$故障発生日時,
28                       l.outage$修復時間, Weight))
```

具体的な計算内容を図 4.4 で説明する．例えばある故障 i は 9 時 23 分に発生し，サービス停止時間が 135 分（つまり，11 時 38 分に復旧した）だったとする．これに対応する `fail.start[i]` は 563，`fail.end[i]` は $563 + 135 - 1 = 697$ となる．

`time.count` は，故障 i 発生日の 0 時を基準として，何時台に何分サービスが中断したかを数えるカウンタである．この場合は，9 時 23 分から故障が始まったとみなし，`time.count[10]`，`time.count[11]`，`time.count[12]` がそれぞれ 37，60，38 となる．それ以外の `time.count` は 0 である．`fail.end[i]` の計算で 1 引くことで，最後の 1 分が余計に数え上げられるのを防ぐ．R のベクトルは 1 から開始するため，故障していた時間帯とベクトルの要素が 1 ずれることに注意を要する．この数え上げは，for ループで

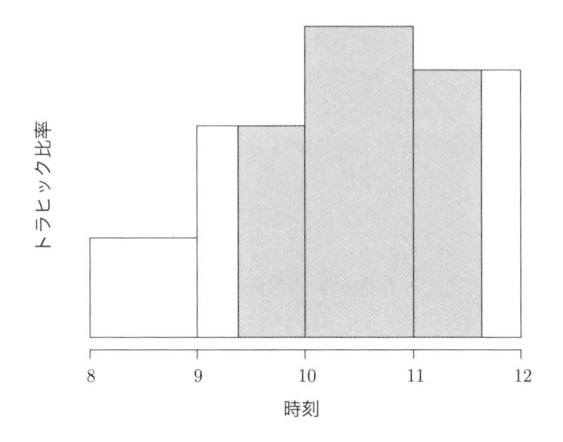

第4章　通信ネットワークの信頼性管理

[縦軸: トラヒック比率、横軸: 時刻]

図 4.4 実際の重みの計算方法

愚直に計算しているが，R は *for* ループの処理が比較的遅いことが知られている．この部分を高速化するには，計算方法自体を見直すか，C や Fortran など他の言語で作成して置き換える．実際，筆者はこの部分を C 言語のダイナミックライブラリとして呼び出すように書き改めて利用しているが，内容が本書の範囲を超えるため，説明は省略する．詳細は文献 [31][*6] と RjpWiki[32] という国内サイト [*7] が参考になる．

最後に，求めた *time.count* と 1 時間単位のトラヒック比率 *traffic* の積を計算する．図では灰色の部分の面積を分単位で計算することに等しい．実際に *traffic.weight()* を用いて重みを計算した結果を，変数名を『重み』として *l.outage* に追加する．

これでデータの準備が整ったので，以下のコードで実際にグラフを描く．

```
29  x <- l.outage$影響規模 * l.outage$重み    ## 重み付き影響規模
30  y <- l.outage$申告件数 * l.outage$重み    ## 重み付き申告件数
31  testdat <- data.frame(x, y)
32  ##
```

[*6] R を付録 A の通りにインストールした場合，
　　C:\ProgramFiles\R\R-2.12.0\doc\manual に HTML 版がある（R-exts.html）．
[*7] 本サイトの『R から他言語利用』というセクションが詳しい．

```
33  ## y ~ a * x ^ 1.5 (nls)
34  nls1 <- nls(y[order(x)] ~ a * x[order(x)] ^ 1.5,
35              start = c(a = 0.9), data = testdat)
36  library(nlme)   ## gnls() を用いるために nlme ライブラリを呼び出す
37  ##
38  ## y ~ a * x ^ 1.5 (gnls)
39  nls2 <- gnls(y[order(x)] ~ a * x[order(x)] ^ 1.5, data = testdat,
40              start = c(a = 0.9), weight=varPower())
41  ##
42  ## y ~ a * x ^ b (gnls)
43  nls3 <- gnls(y[order(x)] ~ a * x[order(x)] ^ b, data = testdat,
44              start = c(a = 0.9, b = 1.5), weight = varPower())
45  plot(x, y, log = "xy",
46       xlab = "重み付き影響規模（対数表示）",
47       ylab = "重み付き申告件数（対数表示）")
48  curve(coef(nls1) * x ^ 1.5, lwd = 2, add = T)   ## 非線形回帰の結果
49  curve(coef(nls2) * x ^ 1.5, lwd = 2, lty = 2, add = T)
50  curve(coef(nls3)[1] * x ^ coef(nls3)[2],
51       lwd = 2, lty = 4, add = T)
52  legend("topleft", c("モデル 1", "モデル 2", "モデル 3"),
53        lty = c(1, 2, 4), lwd = 2, inset = 0.03)
```

29〜31 行目で，重み付き影響規模と重み付き申告件数を計算し，それぞれ x と y に付値する．x と y はデータフレームとして testdat に付値する．

作成したデータフレーム testdat に対して，34〜44 行目では 3 種類の非線形回帰分析を行い，式 (4.5) の妥当性を確認する．まず，**2.3.2** 節述べた関数 nls() を用いて，式 (4.5) を非線形回帰分析した結果を nls1 に付値している．次に，nlme ライブラリ[8]に含まれる一般化非線形回帰分析を行う関数 gnls() により，重み付き最小二乗法に基づく非線形回帰分析を 2 種類行う．一つは式 (4.5) をそのまま用い（この結果を nls2 に付値する），もう一つは式 (4.5) における x_w の指数 1.5 もパラメータとして非線形回帰分析を行う（この結果を nls3 に付値する）．両者共，重み (weight) は

---

[8]標準ライブラリではないため，各人でインストールする必要がある．付録A参照．

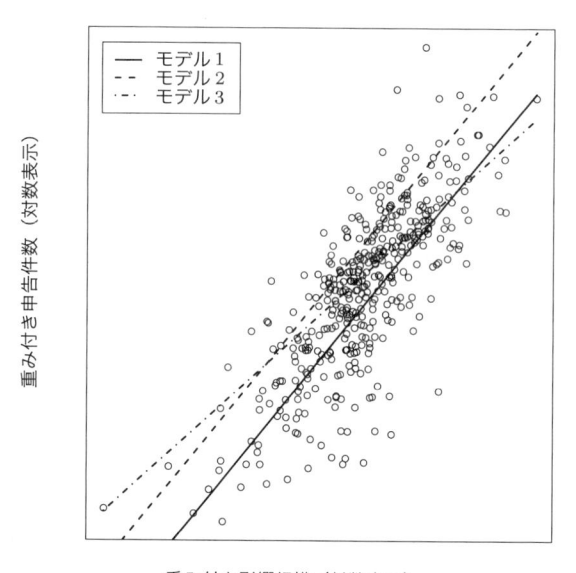

図 4.5 重み付き影響規模と重み付き申告件数の散布図と関係性の分析（その 1）

Variance power function（関数名 `varPower()`）で与えた．なお，`nls()`，`gnls()` 共に，パラメータの初期値 `start` の設定は試行錯誤で行う必要がある．`nls()` のパラメータ `data` は無理に与える必要はないが，`gnls()` では指定しなければならない．

45〜53 行目では，分析結果を実際に図示している（**図 4.5**）．両軸共に対数表示（`log = "xy"`）であることを注意する．凡例では，`nls1`〜`nls3` をそれぞれモデル 1〜モデル 3 とした．モデル 1〜3 の AIC はそれぞれ 13548.12，11642.50，11607.26 となり，この順に適切なモデルとなっている．ただし，各モデルの間に突出した違いがあるわけではなく，式 (4.5) の関係が成立すると考えられる．つまり，大規模故障においても x_w と y_w の間には式 (4.1) と同等の関係が示される可能性があり，以下の結論が導かれる．

- 従来抽象的概念であった社会的影響を定量化する尺度の一つとして，$L(x_w) = y_w$ を考えることができる

故障による社会的影響の定量化

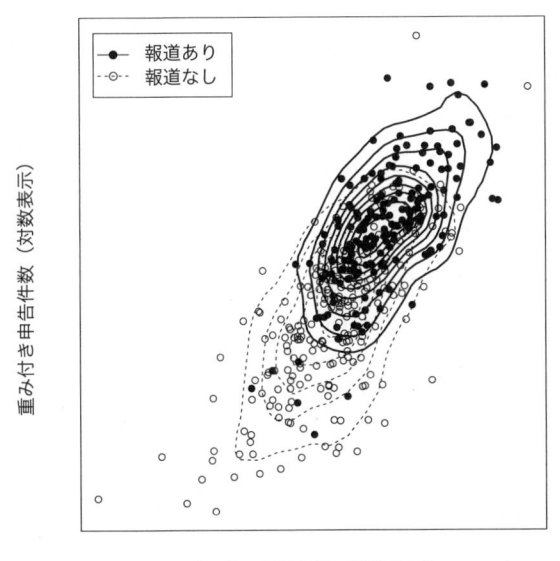

[散布図: 横軸「重み付き影響規模（対数表示）」、縦軸「重み付き申告件数（対数表示）」、凡例「● 報道あり」「○ 報道なし」]

図 4.6 重み付き影響規模と重み付き申告件数の散布図と関係性の分析（その 2）

- この $L(x_w)$ は人間の生活時間帯やトラヒックに応じて変動する関数と考えられる
- 本分析はサービスや適用区間を限定しないため，あらゆる通信ネットワークの信頼性設計を，加入者区間から中継区間まで統一的な概念に基づいて実施できる可能性がある

図 4.6 では，同じ分析結果に対して報道有無の対応をプロットする．ここでは前述の通り，全国版の新聞あるいは TV ニュースで扱われたものを報道されたとみなす．これらを用いたのは以下の理由による．

- 全国メディアにおける報道可否の判断は，地方メディアよりも全国的な視点による社会的影響度をより強く反映していると考えられる
- 図書館や報道機関のデータベースで保管されていることから，情報の入手が容易であり，分析の信憑性と再現性を高めることになる

x と y を，報道の有無で分類し，報道された故障を黒い丸，報道されなかった故障を白い丸で描いている．実線の等高線表示は，報道されたものだけの二次元カーネル密度を示しており，破線の等高線表示（関数 contour() で作成）は報道されなかったものに対応する．二次元カーネル密度は MASS ライブラリの関数 kde2d() で求めた．なお，二次元カーネル密度は x と y の実測値ではなく，対数変換値に対して計算していることを注意する．報道される故障は，重み付き影響規模，重み付き申告件数が共に大きい値であり，故障による社会的影響の大きさと報道の関係を示す結果となる．

```
54  idx1 <- l.outage$報道 == 1
55  idx0 <- l.outage$報道 == 0
56  x1 <- log(x[idx1])
57  y1 <- log(y[idx1])
58  x0 <- log(x[idx0])
59  y0 <- log(y[idx0])
60  library(MASS)
61  c1 <- kde2d(x1, y1)
62  c0 <- kde2d(x0, y0)
63  plot(c(x1, x0), c(y1, y0), type = "n",
64       xlab = "重み付き影響規模（対数表示）",
65       ylab = "重み付き申告件数（対数表示）")
66  points(x1, y1, pch = 19)
67  points(x0, y0, pch = 1)
68  contour(c1, drawlabels = FALSE, add = TRUE)
69  contour(c0, drawlabels = FALSE, add = TRUE, lty = 2)
```

4.3 信頼性管理基準の導出

4.3.1 手順の概要

従来の通信ネットワークにおける信頼性設計は，式 (4.3) のように規模別不稼働率目標値 $f(x)$ として与えられた．しかし，$f(x)$ には **4.1** 節で述べたような課題がある．加えて，**4.2** 節において，社会的迷惑量は重み付き影響規模 x_w の関数である可能性を指摘した．つまり，故障による社会的影響を適切に反映するためには，社会的迷惑量を x_w の関数として見直す必要があ

る．その結果，式 (4.3) の $f(x)$ は次式のように $f(x_w)$ という形になる．

$$f(x_w) = \frac{C'}{\sqrt{x_w + c}} \tag{4.6}$$

しかし，x_w は実際の故障データから求めるため，事前に $f(x_w)$ を設定できない．

そこで，筆者らは従来と発想を逆転し，故障による社会的影響を考慮した信頼性評価を行い，その結果から測定期間における最適な信頼性管理目標を導出する方法を提案した [33]．これは二つのステップから構成される．

1. **3.5** 節で述べた規模別不稼働率 $\widehat{U}(x)$ に，**4.2** 節で述べた，社会的影響を考慮した重みを組み込んで評価する．重みを組み込んだ規模別不稼働率を**重み付き規模別不稼働率** $\widehat{U}(x_w)$ と呼ぶ．
2. その結果に対して $f(x_w)$ を当てはめる．$f(x)$ はあらかじめ規定されるが，$f(x_w)$ は信頼性評価を通じて得られるため，**規模別不稼働率管理目標値**と区別する．

$\widehat{U}(x_w)$ は，式 (3.5) で故障 i に対する修復時間 τ_i を重み付き修復時間 W_i に置き換える．そして，測定期間 T における測定開始日時と終了日時をそれぞれ t^s, t^e とし，T を以下で定義される重み付き測定期間 T_w に置き換える．

$$T_w = \int_{t^s}^{t^e} w(t)\,dt \tag{4.7}$$

このとき，$\widehat{U}(x_w)$ は式 (4.8) で定義される．

$$\widehat{U}(x_w) = \sum_{\forall i;\ n_i W_i \geq x_w} \frac{n_i}{N_i} \frac{W_i}{T_w} = \sum_{\forall i;\ n_{wi} \geq x_w} \frac{n_{wi}}{N_i T_w} \tag{4.8}$$

n_{wi} は故障 i に関する影響規模 n_i と重み W_i の積であり，重み付き影響規模の定義そのものである．3.5.1 節における説明図との相違は，重み付き影響規模の大きい順に，幅 n_{wi}，高さ $\frac{n_{wi}}{NT_w}$ の長方形ブロックを積み上げることで

ある.つまり,実際の影響規模の大小に関係なく,重み付き影響規模が大きい故障ほど社会的影響も大きいと考え,不稼働率の長方形ブロックを積み上げる順序を,これに応じて変えることになる.

次に $f(x_w)$ を求める.具体的には $\hat{U}(x_w)$ に対して $f(x_w)$ を **2.3.2** 節で述べた非線形回帰で求める.実測値である $\hat{U}(x_w)$ に対し,$f(x_w)$ は測定期間における理論値であることから,$f(x_w)$ に対する $\hat{U}(x_w)$ の当てはめがよいほど,通信ネットワークとしての信頼性が適切に確保できている,つまり,影響規模と不稼働率の信頼性バランスが取れていると考えることができる.これは,$\hat{U}(x_w)$ の分析結果の判断基準を $f(x_w)$ に担わせて,通信ネットワークの信頼性を x_w の大きさに応じて向上させることを意味する.ただし,本方法は $f(x_w)$ というモデルの外挿になる.

本方法もユーザ側の論理ではないが,それ以外の信頼性設計法における課題は改善され,ユーザの利便性向上と過剰投資の抑制に資する.ユーザのニーズやサービス利用形態などの諸条件は絶えず変化するため,本方法のように運用データから傾向を迅速に読み取ると同時に,その結果を適切に反映させることが重要である.

4.3.2 R での分析例

R を用いて $\hat{U}(x_w)$ から $f(x_w)$ を導出する.ここからは,従来の故障データ outage を用いる.

```
1  outage$修復時間 <- round(outage$修復時間)
2  outage <- transform(outage,
3          重み = traffic.weight(outage$故障発生日時,
4          outage$修復時間, Weight))
5  outage <- transform(outage,
6          重み付き影響規模 = 重み * 影響規模)
7  outage <- outage[order(outage$重み付き影響規模), ]
8  u1 <- outage$重み付き影響規模 /
9          (outage$総ユーザ数 * (E - S) * 24 * 60)
10 outage <- transform(outage, 重み付き不稼働率 = u1)
11 u2 <- (sum(u1) - c(0, cumsum(u1[-length(u1)])))
12 outage <- transform(outage, 重み付き規模別不稼働率 = u2)
```

```
13  outage$重み付き影響規模 [outage$重み付き影響規模 < 1] <- 1
14  x <- outage$重み付き影響規模
15  y <- outage$重み付き規模別不稼働率
16  res <- nls(y ~ a * (x + c) ^ (-0.5),
17            start = c(a = 1e-4, c = 1e-4))
18  x1 <- c(1, rep(x, each = 2), 1)
19  y1 <- c(rep(y, each = 2), 0, 0)
20  plot(x1, y1, log = "x", type = "n", axes = F,
21       xlab = "", ylab = "")
22  polygon(x1, y1)
23  lines(x, predict(res), lwd = 3)
24  box()
25  mtext(side = 1, line = 1, cex = 1.2,
26        text = "重み付き影響規模（対数表示）")
27  mtext(side = 2, line = 1, cex = 1.2,
28        text = "重み付き規模別不稼働率と規模別不稼働率管理目標値")
29  legend("bottomleft",
30         c("重み付き規模別不稼働率", "規模別不稼働率管理目標値"),
31         lwd = c(1, 3), inset = .1)
```

outage と測定期間を表す日付オブジェクト S と E は 3.1 節と同様のものを想定する．1 行目では，3.3.1 節のように修復時間に一様乱数を加えたことを想定し，それを元の状態に復元することを意図している．2〜4 行目は，4.2.2 節で述べた方法に基づき，重みの計算を行っている．その結果は新しい項目『重み』として，outage に追加されている．同様に，5〜6 行目でも『重み付き影響規模』という項目を追加する．7 行目では，重み付き影響規模の大きさで outage のレコード（行）を並べ替える．8〜10 行目は各故障に対する重み付き不稼働率を計算し，outage に追加する．S と E も 3.1 節で述べた分析の起点と終点に相当する．S と E が日単位で指定されている場合に限り，トラヒック比率を平均が 1 になるよう正規化しているため，結果的に T_w の積分を計算する必要がないことを注意する．また，修復時間を分単位で収集していることから，分母の時間も分単位に合わせている．11〜12 行目は重み付き規模別不稼働率を計算し，同様に outage に追

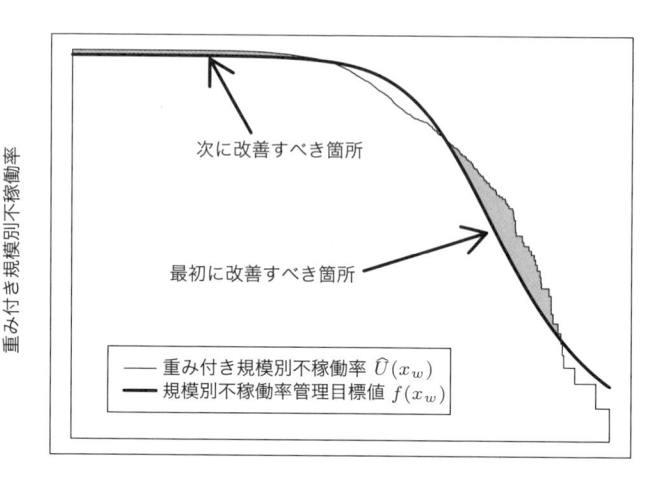

図 4.7 通信ネットワークの信頼性管理分析例

加する．6 行目のソートはこの部分で必要な処理である．重み付き影響規模は 1 を下回る場合があるので，そのような場合は 1 に補正する（13 行目）．

ここまでの処理で得られた重み付き影響規模と重み付き規模別不稼働率を，それぞれ x と y に付値する（14 〜 15 行目）．x と y は，**3.5.2** 節の分析例の図で示した●の x 座標と y 座標に対応し，$\hat{U}(x_w)$ はこの座標で表される．次に，$f(x_w)$ を計算する．16 〜 17 行目で式 (4.6) を nls() で非線形回帰分析し，その結果を res に付値している．初期値の設定は試行錯誤を伴うことを注意する．残りの部分は $\hat{U}(x_w)$ と $f(x_w)$ のグラフ化に関する記述であり，これまでに説明した関数の組合せに基づいている．

このコードで得られる分析例は**図 4.7** のようになる．ただし，灰色の部分は後の説明のために色付けしており，本コードでは白色のままである．

図 4.7 を用い，$\hat{U}(x_w)$ と $f(x_w)$ による信頼性管理を行う方法を述べる．通信ネットワークの信頼性バランスを崩す大きな要因となるのは，特定装置に関する故障の多発，あるいは長時間故障の発生（これを『信頼性のボトルネック』と表す）である．ボトルネックによって，

信頼性管理基準の導出

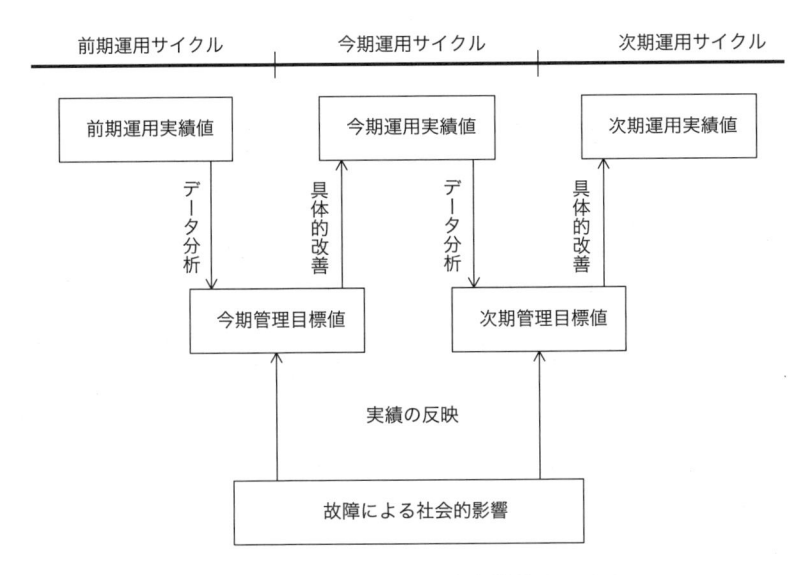

図 4.8 通信ネットワークの信頼性管理サイクル

- ネットワーク全体に占める特定装置の不稼働率の割合が増加する
- その影響規模が特定範囲に分布する

という問題が発生するため，まずこれらを改善することが重要である．その改善の度合い，つまり，少なくともどこまで対策を施すべきかという客観的な判断指針として $f(x_w)$ を利用する．図 4.7 の灰色の部分は，$\hat{U}(x_w)$ が $f(x_w)$ に対して明らかにはみ出しており，この部分を $f(x_w)$ に対して一致させるように改善を行う．該当箇所が複数存在する場合に，どのような順序で着手すべきかはネットワークごとに異なるため，経験的な対応が必要だが，

- 重み付き影響規模が大きい
- はみ出した面積が大きい

箇所から順に対処することが一般的である．本図ではグラフの右下から左上という方向に相当する．対処方法としては該当故障の

- 重み付き不稼働率の高さを抑える
- 重み付き影響規模を減少させる

ことになるが，重み付き影響規模は影響規模と社会的影響（トラヒック比率）を組み込んだ重みの積で表されるため，これら三つ（影響規模，トラヒック比率，修復時間）の関連により対応方法は異なる．つまり，重み付き影響規模の支配要因が実際の影響規模であればユーザの収容制限を施すべきであるし，修復時間の場合には，修理手順の見直しによる時間短縮が必要であろう．トラヒック比率の場合には，装置に対する過負荷が原因である可能性も考えられるため，他の事例も含めて検証し，処理能力の高い代替装置への更改やう回路の設置による負荷分散などの対処が求められる．つまり，4.1節で述べた，不稼働率ブロックの高さが $f(x)$ を超えた場合の対処をより具体的にパターン化できる．ここで，ある故障の重み付き影響規模を小さくすることは，式 (4.8) から重み付き不稼働率を低くすることにつながる．よって，図 4.7 の中で『最初に改善すべき箇所』と記述した部分から着手すると，『次に改善すべき箇所』にも連動して影響が及ぶ可能性が高い．特にこの箇所は全装置故障における重み付き不稼働率の合計の結果であり，重み付き影響規模の小さい故障だけを改善することだけが解決策であるとは限らないので注意を要する．

　このような営みを繰り返すことで，通信ネットワークの運用が安定し，その信頼性は定常状態に入る．この定常状態を規格化したものが長期的な管理目標値となり得る．この概念を図 4.8 に示す．図中の『運用実績値』が $\hat{U}(x_w)$ に相当し，『管理目標値』が $f(x_w)$ に相当する．前期運用サイクルの中での運用実績から $\hat{U}(x_w)$ を求め，その結果から導出した $f(x_w)$ を今期管理目標値として改善を図って今期運用サイクルの中で運用を行う．これを繰り返し，$\hat{U}(x_w)$ と $f(x_w)$ が安定するような運用を行う．同時に，故障による社会的影響の大きさに経時的な変化がないか，常に注意する必要がある．

4.4 不稼働率のシミュレーション

4.4.1 手順の概要

ここまでに説明した評価方法は，運用中の通信ネットワークの信頼性を安定させるために利用できる．しかし，次期装置や通信ネットワーク開発へのフィードバックが困難な場合がある．例えば，運用中のある装置の信頼性評価結果が一定の値に収束した際に，その数値を次期装置の仕様とすることの妥当性の判断が難しい．通信ネットワークの信頼性は，装置の故障率，修復時間，影響規模，配備台数などの複数要因が密接に関連していることが原因である．仮に，次期装置の故障率を下げるとしても，収容数増加に伴って影響規模が大きくなり，かつ装置実装の高密度化により修復時間が増加すると，次期装置の信頼性が向上したといえるとは限らない．

そこで，フィードバックの一つの方法として，通信ネットワークの不稼働率シミュレーション [34, 35, 36] を説明する．本方法は以下の 3 ステップから成り，装置の信頼性スペックがネットワーク全体に及ぼす影響を定量評価する．なお，対象とする通信ネットワークの状態が安定していることを前提とする．また，実際のシミュレーションを行う R コードは膨大なため，ここでは方法と分析例の説明にとどめる．

i. 既存ネットワークを構成する各装置の故障率（**3.2** 節参照），修復時間分布，影響規模分布（ともに **3.3**，**3.4** 節参照）を，これまでに述べた方法でモデル化する．

ii. 上記モデルから故障データを乱数生成する．新規に開発するネットワークや装置は事前のモデル化が不可能なため，既存ネットワークの結果を流用，あるいは修正して対処する．

iii. 上記の結果から重み付き規模別不稼働率と規模別不稼働率管理目標値（**4.3** 節参照）を求め，両者の比較を通じて妥当性を判断する．

ステップ i と iii の要素技術は既に述べており，ここでは説明しない．

不稼働率シミュレーションを行うことは故障データをシミュレートするこ

とに等しい．そこで，まず装置単位の故障データを生成し，それらを併合することで通信ネットワーク全体のシミュレーションを行う．装置単位の故障データ生成で，ステップ ii は次のように細分化される．

1. ステップ i で得られた装置故障率を該当期間で積分し，平均故障率を求める．パラメトリックな方法で故障率を求めた場合，**3.2.1.1** 節末尾で述べた方法で平均故障率が計算できる．
2. 該当期間における平均装置台数（別途求めておく）と上記の平均故障率から，以下の手順で装置の故障件数を乱数生成する．
   a. 平均装置台数と同じ数の一様乱数を発生させる．
   b. このうち，値が平均故障率と所定の測定期間の積を下回る個数を数える．これが故障件数となる．
3. **3.3** 節で述べた手順に従い，対数変換前の修復時間 τ の確率分布を推定し，故障件数分の乱数を生成する．連続型分布で近似するため，負の値を取る場合は正の値に補正する．
4. 影響規模も修復時間と同様に乱数を生成する．
5. 影響規模と修復時間の弱い負の相関を再現する．
6. トラヒックの日内変動を表す関数 $w(t)$ を求める．
7. 装置ごとに日内故障発生確率をモデル化する．
8. 各故障に上記発生確率を対応させ，その区間で $w(t)$ を積分して重みとする．
9. 重み付き影響規模を求める．

本手順の 1〜4 は，ステップ i で求めたモデルに基づく．5 については後述する．6〜9 は **4.2** 節の一部であり，**4.2.2** 節での分析手順に対応する．

$w(t)$ と 24 時間の故障発生確率は既存の類似サービスが存在する場合しか求められない．しかし，簡便法として $w(t) \equiv 1$ とできることを，筆者は文献 [30] で確認している．これは，故障によるユーザへの影響が発生時刻に依存しないことを意味し，通信ネットワークの信頼性評価を厳しく見積もることになる．また，新規サービスへの適用可能性を高める．そこで，こ

のシミュレーションでは $w(t) \equiv 1$ を仮定する．このとき，24 時間の故障発生確率は不要であり，重みは修復時間と等価になる．

最後に，手順 5 の影響規模と修復時間の相関の再現方法を説明する．筆者は文献 [30] で，通信ネットワークの大規模故障の影響規模と修復時間に弱い負の相関があることを明らかにした．手順 5 はこの関係を人工的に再現することを意図している．

一般に，このような相関を持つ乱数を生成するには，それぞれが異なる混合分布に従う 2 変数の同時確率密度を要する．R の標準あるいは追加のライブラリでそのような確率密度は計算できず，実装に対する技術的難易度も高いことが予想された．そこで，影響規模と修復時間の乱数を独立に発生させ，両者の積（今回の場合は $w(t) \equiv 1$ の重み付き影響規模 x_w と等価）がしきい値を超えないように設定する．これは，4.2 節における，通信ネットワーク故障の社会的影響が x_w に比例するという考え方に基づく．

図 4.9 は，4.2 節で用いたものと同じ故障データの影響規模と修復時間

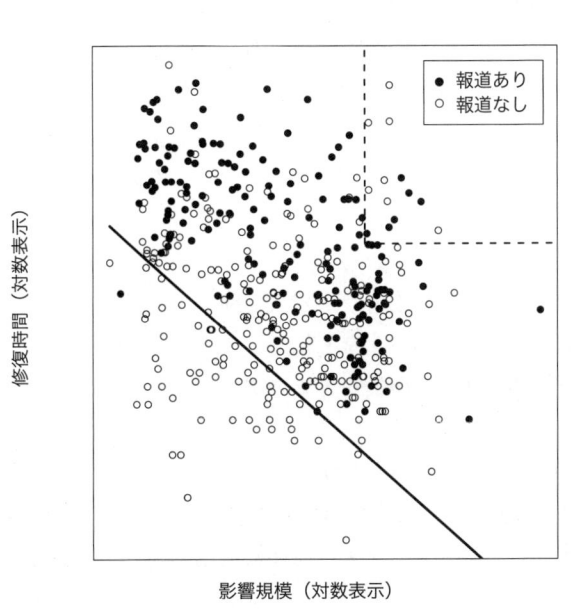

図 4.9 影響規模と修復時間の散布図

の散布図を対数表示したものである．横軸に影響規模，縦軸に修復時間を取る．黒い丸が，全国版の新聞や TV ニュースで報道された故障，白い丸がそうでない故障に対応する．破線で区切られる右上の領域が，電気通信事業法施行規則 [28] 第 58 条による，報告を要する重大な故障を表す．

このとき，報道される故障のほとんどは，図中の太実線より上の領域にプロットされる．この線は $x \times \tau = C$（定数）であり，経験的に定めている．社会的影響，つまり $x_w \approx x \times \tau$ が大きい故障ほど報道される可能性が高まる．しきい値による制限は，この考え方を適用し，安定状態の再現を試みている．なお，この結果は報道各社，ひいては世論の考える重大な故障が，法律の定める基準よりも厳しいことを示唆している．

以上の手順で得られた各装置の故障データを併合し，ネットワーク全体の故障データとする．これをステップ iii の手順で分析することが，シミュレーションの 1 試行となる．

4.4.2　R での分析例

4.4.2.1　実故障データを用いた分析結果の再現

本シミュレーションの実施例を示す．ある IP ネットワークの実故障データを用い，突発的な大規模故障が発生せず，各種信頼性尺度の推移が相対的に安定したと判断される 1 年間の状態を再現する．

まず対象ネットワーク構成を図 4.10 のように整理する．一般に IP ネットワークは次の三つに区分される．

- 制御網：サーバ類によるサービス管理
- コア網：ルータ間のパケット転送
- アクセス網：ユーザの集約とコア網への接続

アクセス網は配備される装置台数が非常に多く，装置ごとの機能も異なるので，本図右側に示すように 2 種類に分割する．コア網についても，装置台数と役割を考慮して，エッジルータと他網接続用のゲートウェイ，コアルータを区別する．

本来なら通信ネットワークを構成する全装置を対象とすべきであるが，数

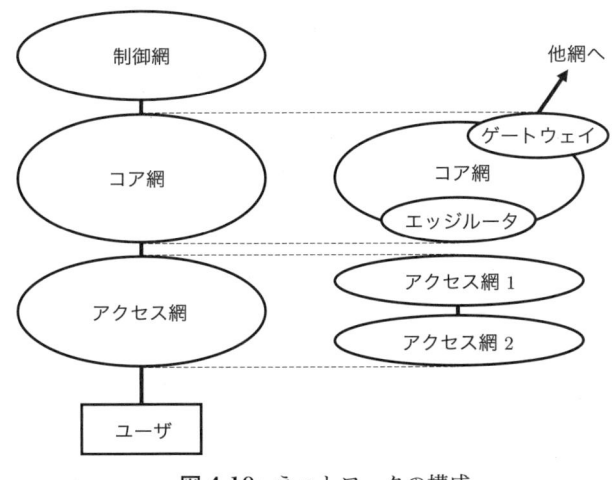

図 4.10 ネットワークの構成

理モデル化が困難な以下の装置は除外する．

(1) 故障件数が少なく，統計解析が行えない装置
(2) 故障の影響が甚大であり，発生が禁止的な装置
(3) ユーザが選択できる装置

制御網の装置は (1) と (2) に該当する．また，宅内ルータなどのユーザ宅に設置する装置は市販品を選択するユーザもいるため (3) に該当する．

コア網はコアルータと伝送網で構成されるが，筆者らは伝送網の装置台数を把握しておらず，故障率が算出できなかった．伝送網の故障件数は他装置と比較して少ないが，影響規模が大きく，ネットワーク全体の不稼働率に占める比率が高い．そこで過去 1 年間分の規模別不稼働率実測値を外挿する．

今回のシミュレーションを行ったネットワークに限らないが，エッジルータとコアルータは収容ユーザ数が多く，故障が大規模化する傾向がある．この 2 種類の装置は影響規模と修復時間に弱い負の相関があることが確認できたため，経験的に定めたしきい値の制限を課す．

前節の方法で生成した故障データから規模別不稼働率 $\widehat{U}(x)$ と重み付き規

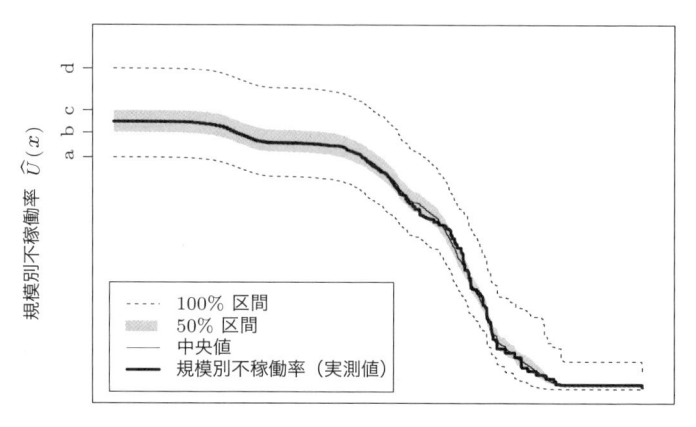

(a) 重みがない場合

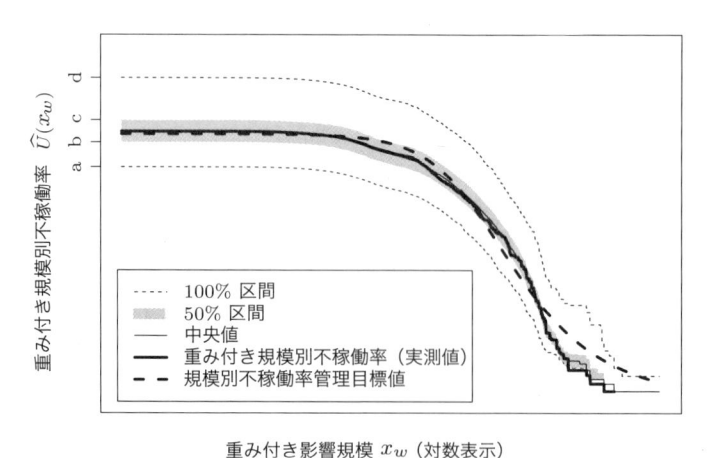

(b) 重みがある場合

図 4.11 シミュレーション結果

模別不稼働率 $\widehat{U}(x_w)$ を求める処理を 1,000 回試行した結果を図 4.11 に示す．重みの有無により二つの図が含まれており，図 4.11(a) と 4.11(b) がそれぞれ重みのない場合とある場合である．両図ともに横軸は影響規模 x（対数表示），縦軸は $\widehat{U}(x)$ あるいは $\widehat{U}(x_w)$ を表す．帯状の薄い灰色の領域（縦軸の b と c で示す）は，シミュレーション結果の第 1 四分位数と第 3 四分位数の間であり，全体の 50% が含まれる（以下『50% レンジ』と呼ぶ）．その領域の中間を通る細実線は中央値を表す．50% レンジを挟む破線（縦軸の a と d で示す）は，シミュレーション結果の上限と下限を表す（以下『100% レンジ』と呼ぶ）．太実線が今回のシミュレーションに用いた故障データに基づく，規模別不稼働率の実測値である．図中の 50% レンジは約 1.5×10^{-6}，100% レンジは約 6.6×10^{-6} の間に収束している．乱数シミュレーションのため，100% レンジは常に変動する．一方，中央値と 50% レンジは頑強な統計量 [37] であり，変動は少ない．シミュレーションの 1 試行で生成される故障件数が 10^3 オーダであったことを考慮すると，図 4.11(a) から元の故障データは適切に再現できている．一方，図 4.11(a) のシミュレーション結果を用いて $\widehat{U}(x_w)$ と $f(x_w)$ を求めたものを図 4.11(b) に示す．基本的な表示は図 4.11(a) に準拠しており，$f(x_w)$ を太破線（Administration object）で重ねている．本図の縦軸のスケールは図 4.11(a) と合わせているが，横軸は重み付き影響規模 x_w となることから合わせていない．なお，4.4.1 節で述べたように，トラヒックの日内変動を常に 1 と仮定したことを注意する．そのため，図 4.11(a) と 4.11(b) における a～d の位置は一致する．

$f(x_w)$ は，$\widehat{U}(x_w)$ を構成するデータで式 (4.6) を非線形回帰した．R は実メモリ上で処理を行うため，作業環境のメモリ容量が足りないと分析が十分に行えない場合がある．$f(x_w)$ は，シミュレーションの 1 試行当たり 200 組のデータをサンプリングし，計 20 万組のデータで非線形回帰を行った．$\widehat{U}(x_w)$ の実測値，中央値に対して $f(x_w)$ が大きく逸脱する部分はなく，このネットワークの信頼性は適切に確保されている．

4.4.2.2　装置更改のシミュレーション

前節では実測値の再現に注力してシミュレーションを行ったが，本節ではエッジルータの更改を想定し，それがネットワークに及ぼす影響を評価する．

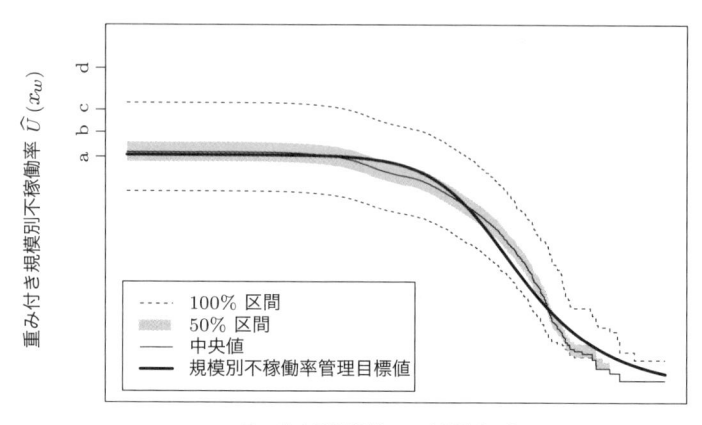

(a) ケース 1

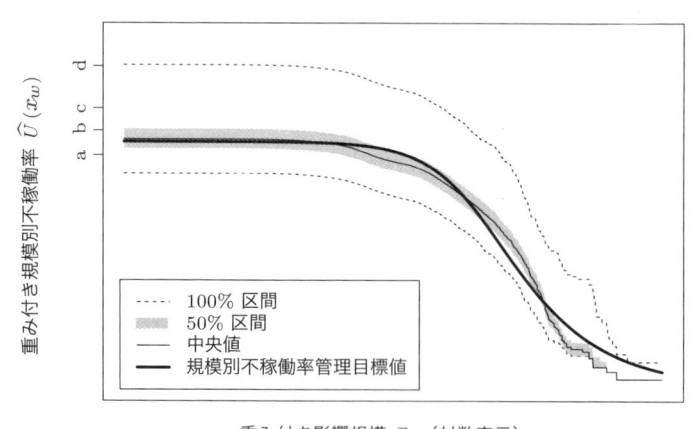

(b) ケース 2

図 4.12 パラメータ変更後のシミュレーション結果

次期エッジルータの信頼性スペックとして，現状のエッジルータに対して，故障率を現状の $\frac{1}{2}$ 倍，修復時間を現状と同等とする．その上で以下の二つを考える．

ケース 1　影響規模が $\frac{3}{2}$ 倍，装置台数が $\frac{2}{3}$ 倍
ケース 2　影響規模が $\frac{2}{3}$ 倍，装置台数が $\frac{3}{2}$ 倍

つまり，ケース 1 は大規模集約を行い，ケース 2 は小規模分散を図る．一般的に，次期装置の故障率は現状以上の値であることが期待されるため，ここでは暫定的に $\frac{1}{2}$ 倍とした．修復時間は装置のアーキテクチャ（実際の修理に要する時間に影響する）と置局条件（保守拠点から故障装置の収容場所に駆け付ける時間に影響する）に依存するが，これらが急激に変化することは考えにくいため，現状と同等とする．影響規模と装置台数は収容条件であるともいえるが，通信ネットワークでは故障箇所に応じて影響の大きさが異なることから，信頼性スペックの一部であるとみなす．

本シミュレーションでは実測値が存在しないため，図 4.11(b) と同様に $\hat{U}(x_w)$ と $f(x_w)$ の比較を行う．こちらの試行回数も 1,000 回とする．その結果を図 4.12 に示す．図 4.12(a)，4.12(b) がそれぞれケース 1, 2 に対応する．両図の表示形式は図 4.11(b) に準拠し，両軸のスケールもそろえている．図中の a 〜 d は図 4.11(a)，4.11(b) と同じ位置を表す．シミュレーション結果の中央値と 50% レンジを見ると，$\hat{U}(x_w)$ はケース 1 の方が僅かに低いが，おおむねケース 2 と同等の結果が得られている．

図 4.12(a)，4.12(b) だけでは差異が判別できないため，詳細分析を図 4.13 で行う．図 4.13(a) では，図 4.11(b) のシミュレーションのある試行において，エッジルータに対応する故障の長方形ブロックを抜き出して灰色で表示している．このような表示により，特定装置の信頼性がネットワーク全体に影響する範囲を視覚的に把握できる．しかし，該当する長方形ブロックは広範に分布するだけでなく，施行ごとに結果が変化する．これは図 4.12 においても同様である．そこで，以後の分析では各種統計量による比較を行う．

まず，エッジルータの故障件数のヒストグラムを図 4.13(b) に示す．以降

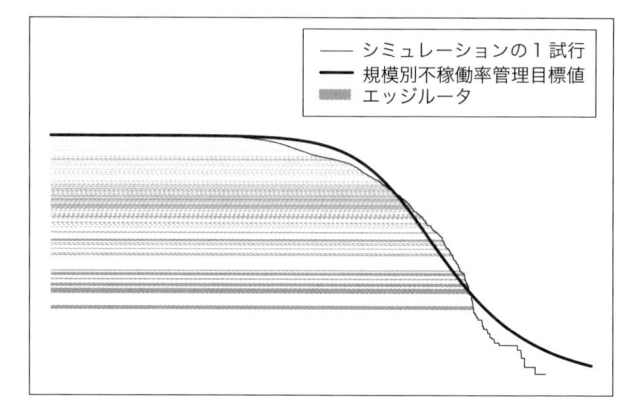

(a) $\widehat{U}(x_w)$ の内訳

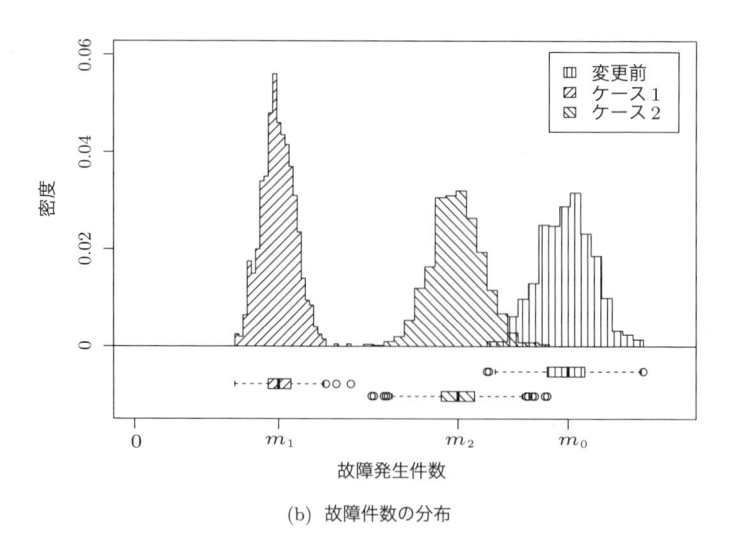

(b) 故障件数の分布

図 4.13 各シミュレーションの詳細分析

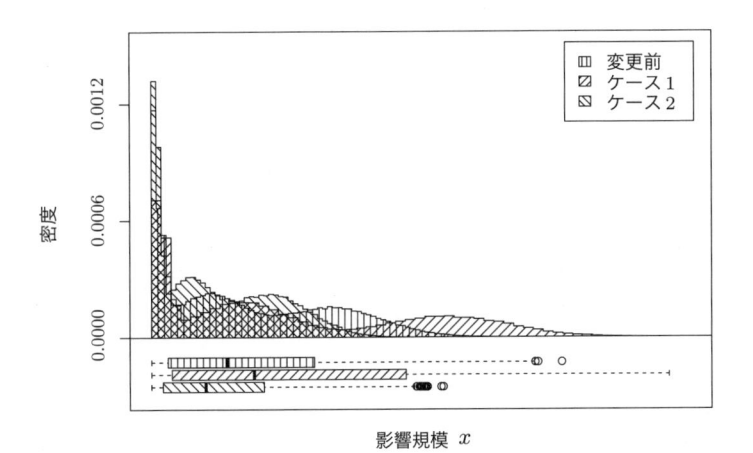

(c) x の分布

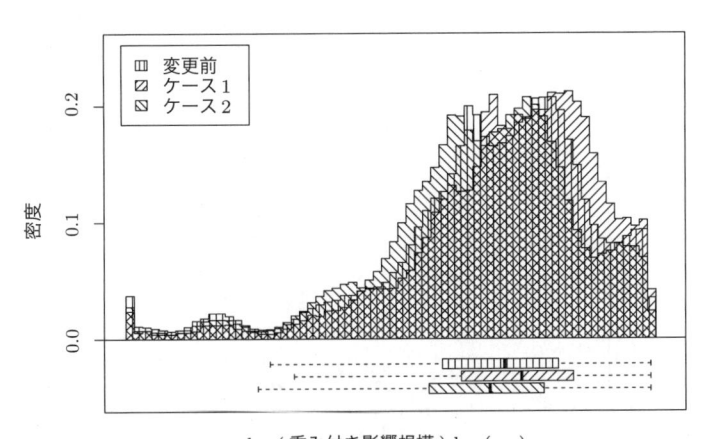

(d) $\log(x_w)$ の分布

図 4.13 各シミュレーションの詳細分析（続き）

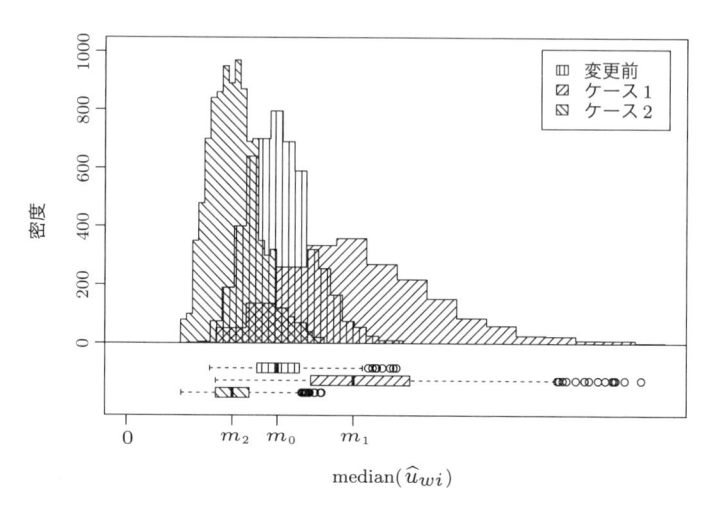

(e) $\widehat{u}_{wi}$ の中央値の分布

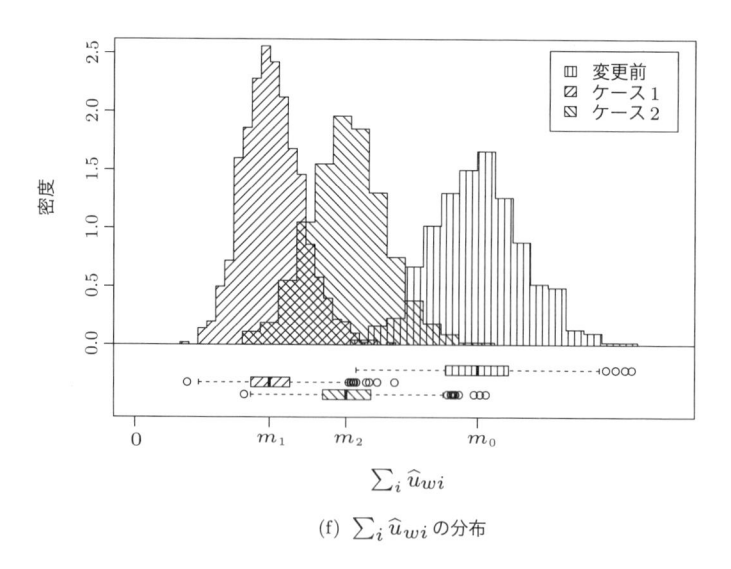

(f) $\sum_i \widehat{u}_{wi}$ の分布

図 4.13 各シミュレーションの詳細分析（続き）

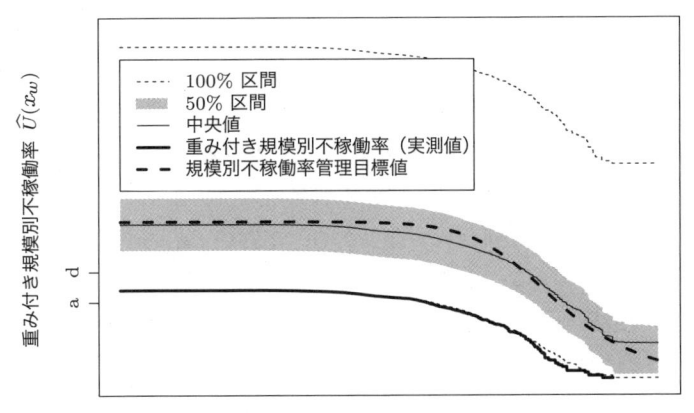

不稼働率のシミュレーション

(a) しきい値を用いないシミュレーション結果

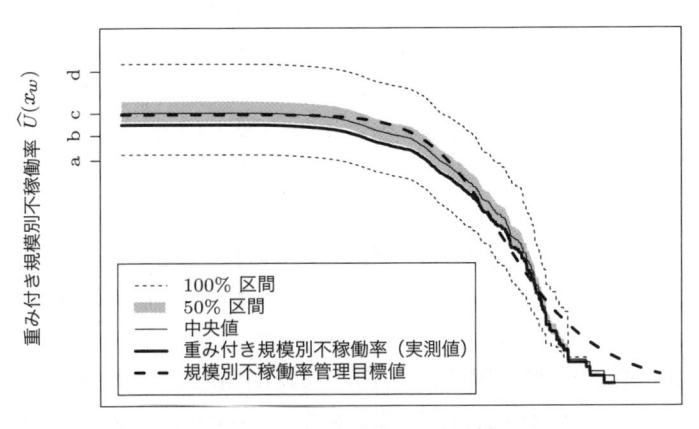

(b) 復元抽出によるシミュレーション結果

図 4.14 しきい値を用いないシミュレーション結果

の図も含め，縦線で塗り潰したヒストグラムがパラメータ変更前，つまり図 4.11(a)，4.11(b) のシミュレーションに対応する．右上がり，右下がりの斜線で塗り潰したヒストグラムが，それぞれケース 1，2 を表す．x 軸の下側に表示した箱形図は，上から順にパラメータ変更前，ケース 1，2 である．ヒストグラムから単峰分布と判断されるものは，中央値（変更前：m_0，ケース 1：m_1，ケース 2：m_2）を表示している．ケース 1，2 ともに故障率を従来の半分としているが，配備台数の違いから，本図の m_1, m_2 はそれぞれ m_0 の $\frac{1}{2} \times \frac{2}{3} = \frac{1}{3}$ 倍，$\frac{1}{2} \times \frac{3}{2} = \frac{3}{4}$ 倍となっている．

次に，影響規模 x のヒストグラムを図 4.13(c) に示す．x が混合正規分布に従うことは 3.4 末尾で述べたが，ケース 1，2 はパラメータ変更前の分布に対して x 軸方向にそれぞれ $\frac{3}{2}$, $\frac{2}{3}$ 倍に拡大，縮小されていることが確認できる．このときの重み付き影響規模 x_w のヒストグラムは図 4.13(d) である．x_w は x よりもすその長い分布であるため，対数変換している．また図 4.13(c) と本図では，1,000 回の試行で得られた全てのエッジルータ故障データを用いることを注意する．ケース 1，2 は修復時間のパラメータを変えていないため，ヒストグラムの形状の違いは影響規模に依存する．このことから，ケース 1 はパラメータ変更前よりも右側に，ケース 2 は左側に分布している．なお，$\widehat{u}_{wi}$ の分布の形状も，$\widehat{u}_{wi}$ と式 (4.8) から図 4.13(d) と相似になる．図 4.13(d) の箱形図は，外れ値が多く，表示していない．

シミュレーションの各試行におけるエッジルータの $\widehat{u}_{wi}$ の中央値は図 4.13(e) のように分布し，パラメータ変更前と比較した各 $\widehat{u}_{wi}$ の値が，ケース 1 では増加し，ケース 2 では減少する．偏った分布の平均は外れ値の影響を受けやすいため，本図では中央値を用いた．

エッジルータの不稼働率の総和 $\sum_i \widehat{u}_{wi}$（図 4.13(a) における灰色の領域の高さの合計）の分布は図 4.13(f) で表される．この分布の違いが，図 4.11(b) と図 4.12 におけるシミュレーション結果の縦軸の高さの違いになる．つまり，ケース 1 は，故障件数が少ないものの，大規模集約のためにユーザへの影響が大きく，1 件当りの不稼働率が増加する．一方，ケース 2 は小規模分散のためユーザ影響と 1 件当りの不稼働率が相対的に低下するが，配備台数が増えたために故障件数は増加する．これらを不稼働率という観点で判断す

ると，ケース 1（大規模集約）の方が不稼働率の総和が低下しており，より好ましいという結果になる．

最後に，**図 4.11**(b) との比較として，しきい値を用いない 2 種類のシミュレーションを行った結果を**図 4.14** に示す．**図 4.14**(a) が，影響規模と修復時間を無相関に生成したシミュレーション結果である．横軸のスケールと縦軸の a, d の位置は**図 4.11**(b) とそろえたが，縦軸のスケールは結果を含むように調整している．しきい値を用いないと，例えば影響規模と修復時間の両方が非常に大きいという，現実的ではない故障データを生成する可能性があり，実測値に対して大きく逸脱する．

4.4.1 節の手順 3, 4 を行わず，代替手段として実故障データの影響規模と修復時間の対を復元抽出したものを**図 4.14**(b) に示す．基本的な表示内容は**図 4.14**(a) と同じである．**図 4.14**(a) と比較すると精度は向上しているが，x_w が小さい領域で $\hat{U}(x_w)$ が提案方法よりも高めに計算されている．これは，復元抽出により影響規模と修復時間が相対的に大きい故障がサンプリングされる頻度が高まったことが影響したと考えられる．加えて，x_w が大きい領域でのシミュレーション結果の上限と下限がほぼ重なり，大規模故障（つまりコアルータ故障）のシミュレーションが適切に行われていない．この原因は復元抽出という方法から自明であり，実測値以上の大規模故障を見積もれないためである．

以上，エッジルータの性能変更を伴う更改を想定した不稼働率シミュレーションと詳細分析を行った．最終的には**総保有コスト** (Total Cost of Ownership: **TCO**) も含めた総合的な判断が必要であるが，提案方法は，装置開発における信頼性スペックの策定段階で，ネットワーク全体に及ぼす影響を事前に把握できる．その際には，通信ネットワーク故障の社会的影響の定量化の考え方に基づいたしきい値を用いることで，影響規模と修復時間の相関が再現でき，シミュレーションの安定化にも寄与できる．現状での課題は，最適なしきい値の設定を経験的に行わねばならないことであり，提案方法の実用性を高めるためには，その設定方法の定式化，あるいは自動化を検討する必要がある．そのためにも，まずは継続的かつ精密な故障データの収集と，日常的な信頼性評価が求められる．

付録 A

R のインストール

　R をインストールするには，公式サイト（http://www.r-project.org/）をブラウザで開き，左端にある CRAN（The Comprehensive R Archive Network）のリンクから適切なミラーサイトを選択する．ここでは筑波大のミラーサイト（http://cran.md.tsukuba.ac.jp/）を選択する．Windows・32 ビット/64 ビット版をインストールするには，**付 A.1** の画面で Windows のリンクをクリックする．

　すると **付 A.2** のような画面が表示されるので，base のリンクをクリックする（**付 A.3**）．

付 A.1　　　　　　　　　　　　　付 A.2

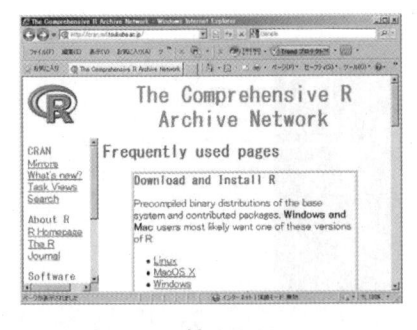

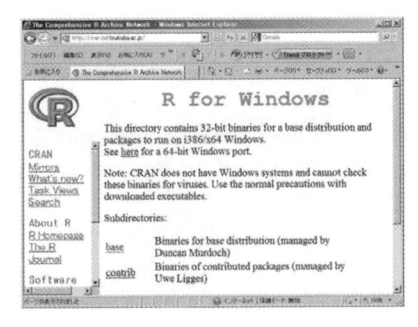

　本書執筆時点での最新版は 2.12.0 なので，"Download R 2.12.0 for Windows" のリンクをクリックすると，Windows 用インストーラーがダウンロードできる．

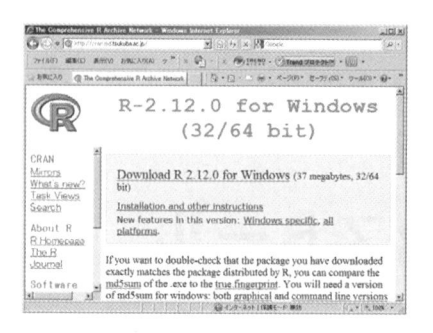

付 A.3

ダウンロードしたインストーラー　　　　　をダブルクリック[*1] すると，まずインストールに利用する言語を選択する（**付 A.4**）．R はフリーのインストーラー Inno Setup を用いているが，本書執筆時点では日本語を選択すると文字化けを起こす．ここで選択する言語はインストール時に限定したことなので，英語（English）を選択して『OK』をクリックすると，インストール画面がスタートする（『Next』で続行．基本的に全ての画面で『Next』をクリックするとインストールは完了する）．

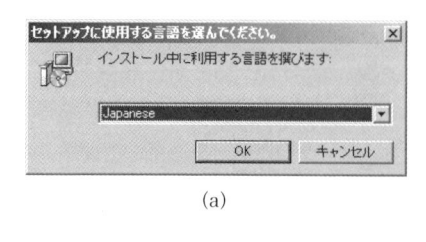

(a)

(b)

付 A.4

[*1] Windows Vista/7 の場合は右クリックから『管理者として実行』を選択する．

RはGPL（GNU General Public License）に従って配布されているので，これに同意してインストールを続行する場合は『Next』をクリックする．するとRのインストール先が表示され，通常はこのまま『Next』をクリックする（**付A.5**）．

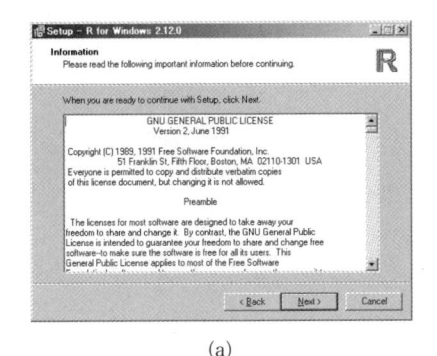

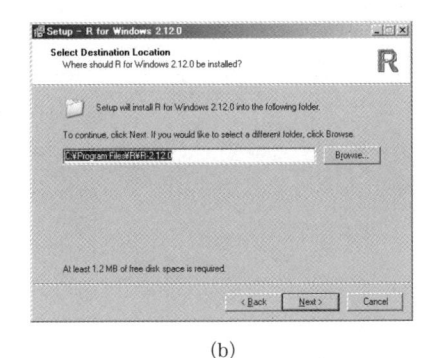

(a)	(b)

付A.5

インストールするコンポーネントの選択は，32ビットマシンの場合，『32-bit user installation』のままで問題ないので，このまま『Next』をクリックする．起動時のオプション選択はインストール後に行うことから，『No』を選択した状態で『Next』をクリックする（**付A.6**）．

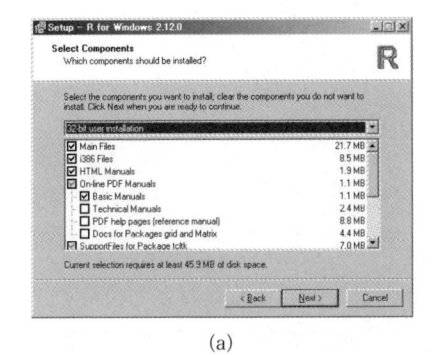

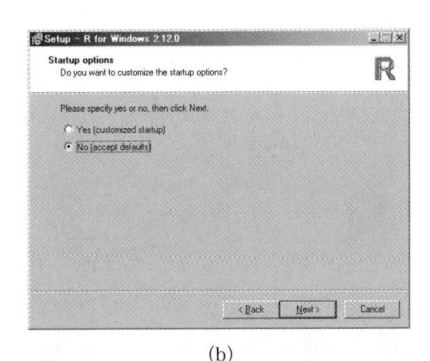

(a)	(b)

付A.6

以下の初期設定に関する画面は，何も変更しないで『Next』をクリックすればよい（**付 A.7**）．

これで実際の作業が行われ，完了表示が出たらインストールは成功である．

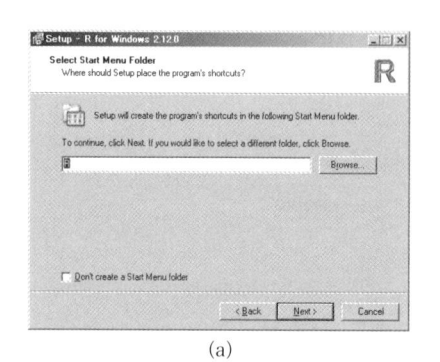

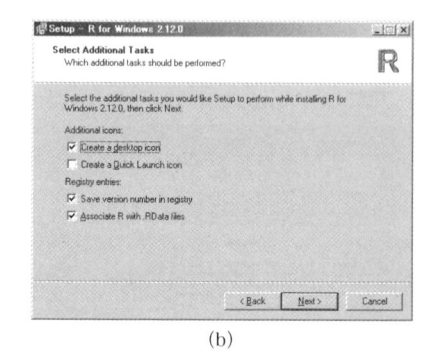

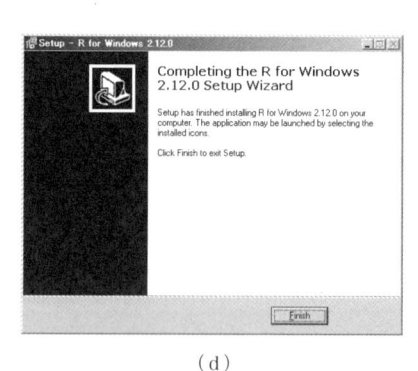

付 A.7

幾つかの設定変更を行う．まず，デスクトップに作成された R アイコン

R 2.12.0 を右クリックしてプロパティを開く．リンク先に Rgui.exe がフルパスで記述されているが，プロキシーを経由する企業 LAN などで利用するには，起動オプションとして --internet2 を追加する．つまりリンク先は，"C:\Program Files\R\R-2.12.0\bin\i386\Rgui.exe" --internet2 のように記述する．これにより，Internet Explorer のネットワーク設定を

継承して R を起動できる．次に，R の作業フォルダを適切な場所，例えば C:\R に変更し，『OK』をクリックする（**付 A.8**）．

付 A.8

設定ファイルを修正する．C:\Program Files\R\R-2.12.0\etc にある Rconsole, Rdevga, Rprofile.site の三つが対象である．メモ帳で開くと，改行が適切に表示されない場合があるので，秀丸や xyzzy などの高機能エディタでの編集を勧める．Rconsole の修正箇所は以下である．

- 7, 8 行目のコメントアウトを入れ替え，MDI = no を有効にする
- 19 行目の font を TT Courier New から TT MSGothic に変更する
- 20 行目の point = 10 は，画面の大きさに合わせて必要なら別の数字に変更する（例えば point = 14）．

Rdevga は，12〜15 行目の TT Arial を TT MS Gothic に変更する．
Rprofile.site は，最後の行に以下の記述を追記する．これは，R で作成する PS ファイルと PDF ファイルの日本語表示に必要となる．

```
setHook(packageEvent("grDevices", "onLoad"),
       function(...){
         grDevices::ps.options(family="Japan1")
         grDevices::pdf.options(family="Japan1")
       }
)
```

以上の作業でRの設定変更は終了する．デスクトップのRアイコンをダブルクリック[*2]するとRが**付A.9**の画面のように起動する．

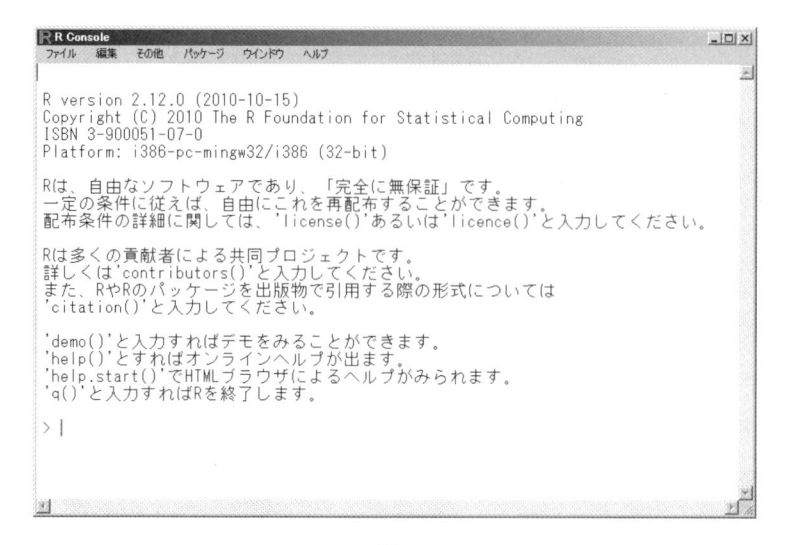

付A.9

画面左下の > が入力待ちのプロンプトであり，この状態でコマンドを入力することでRを操作する．終了するには，プロンプトから関数 quit() あるいはその短縮形である q() を入力して終了するか，Rのメニューバーの『ファイル』から『終了』を選択する．その際に作業スペースを保存するか聞かれるので，『はい』を選択すると，それまでの作業内容がRアイコンのプロパ

[*2] Windows Vista/7の場合，後述するパッケージのインストールには右クリックから『管理者として実行』を選択する．

ティで設定した作業フォルダに保存される（ファイル名：.Rdata）．逆に，作業フォルダに .Rdata があると，R は起動時にその内容を読み込む．保存の必要がない場合は『いいえ』で終了する（**付 A.10**）．

付 A.10

　パッケージをインストールするには，インターネットにつながった状態で R のメニューバーの『パッケージ』から『パッケージのインストール』を選択する．すると，**付 A.11** (a) のように，ダウンロードする CRAN ミラーサーバを選択する画面が出るので，例えば『Japan (Tsukuba)』を選択して『OK』をクリックする．その後，**付 A.11** (b) のように選択可能なパッケージ一覧が表示される．インストールしたいパッケージを選択して『OK』をクリックすれば，必要なパッケージ（選択パッケージが別のパッケージに依存していればそれも含めて）がインストールされる．

　同じことをコマンド入力で行う場合，例えばパッケージ名 $pkg1$, $pkg2$ の二つをインストールするには次のように入力する．

```
> install.packages(c("pkg1", "pkg2"), dependencies = TRUE)
```

　R のパッケージは頻繁に更新されているので，定期的にパッケージのアップグレードを行うことが望ましい．この作業はメニューバーの『パッケージ』から『パッケージの更新』を選択するか，

```
> update.packages()
```

とコマンドを入力する．どちらも更新されたパッケージが存在する場合，本当にアップグレードするか，各パッケージごとに確認される．オプション $ask = FALSE$ を用いると，強制的なアップグレードも可能である．

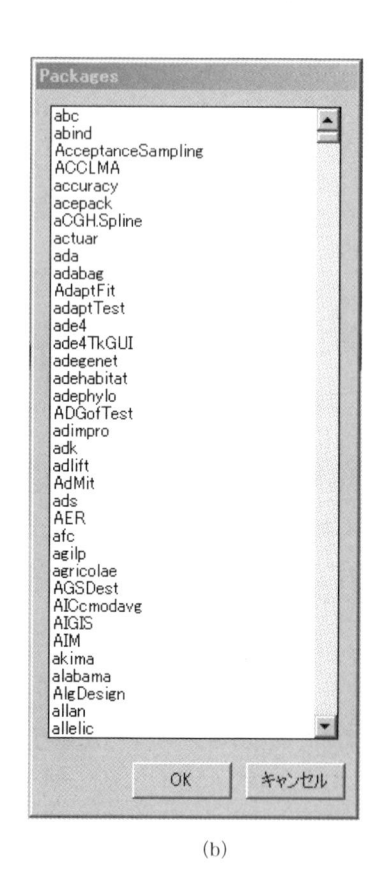

付 A.11

インストールしたパッケージの読込みは，関数 library() を用いるか，R のメニューバーの『パッケージ』から『パッケージの読み込み』で行う．

付録 B

R のアンインストールと
アップグレード

B.1 R のアンインストール

R が不要になった，あるいは後述するアップグレードのため，R をアンインストールする方法を述べる．例えば R-2.11.1 をアンインストールすることを想定する．まず『スタート』メニューから R を選び，『Uninstall R 2.11.1』を選択する．本当にアンインストールするか確認されるので，『はい』を選択する（付 B.1）.

これでアンインストール作業が行われ，完了通知が表示されればよい（付 B.2）.

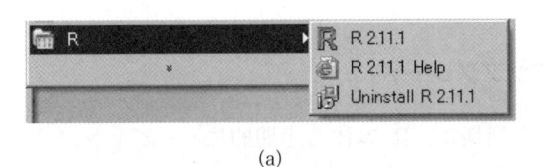

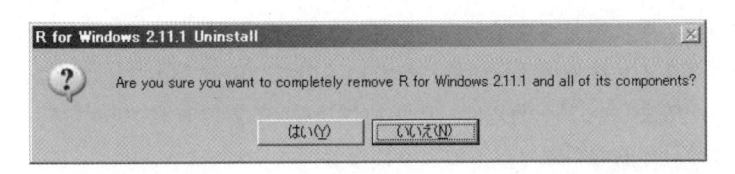

(a)

(b)

付 B.1

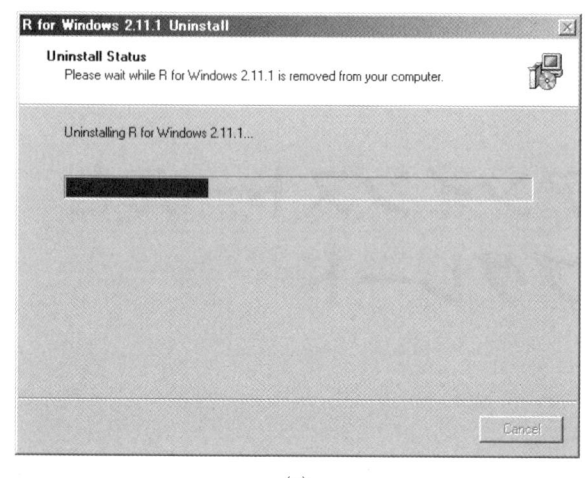

(a)

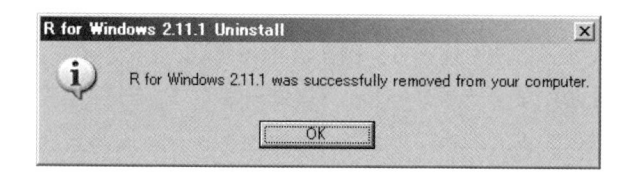

(b)

付 B.2

B.2 R のアップグレード

　パッケージと同様に，R 本体も定期的にバージョンアップが行われている．基本的には毎年 4 月と 10 月にメジャーバージョンアップが行われ，その途中で必要に応じてマイナーバージョンアップが行われている．新機能追加やバグフィックスが活発に行われているので，R 本体もアップグレードすることが望ましい[1]．例えば，R-2.11.1 から R-2.12.0 にアップグレードするときの具体的な手順は以下のようになる．

---

[1] ただし，新しいバグが混じるリスクもあるので，自己責任で実施しなければならない．

1. C:\Program Files\R\R-2.11.1\etc にある Rconsole, Rdevga, Rprofile.site など設定を変更したファイルをどこか（例えばデスクトップ）にコピーして退避する
2. R-2.11.1 をアンインストールする
3. R-2.12.0 をインストールする
4. 1. で退避した設定ファイルを，R-2.12.0 の設定ファイルと差し替える
5. R-2.11.1 の library (C:\Program Files\R\R-2.11.1\library) にパッケージが残っているので，R-2.12.0 の library に移動する（場所は C:\Program Files\R\R-2.12.0\library）
6. R-2.11.1 のフォルダ (C:\Program Files\R\R-2.11.1) を消去する
7. Windows の PATH などを自分で変更した場合，それも追随させる
8. R-2.12.0 を起動し，次のコマンドで最新版パッケージに更新する

```
> update.packages(ask = FALSE, checkBuilt = TRUE)
```

手順 1. で，設定を変更したファイルを別の場所に移動すると，アンインストールの際にエラーになるので，必ずコピーしなくてはならない．

手順 5. では，同名のフォルダが新しい R の library フォルダに存在することがある．そのようなフォルダに関しては，**上書きや移動は行わない**．次の画面が表示された際には『いいえ』をクリックする（**付 B.3**）．

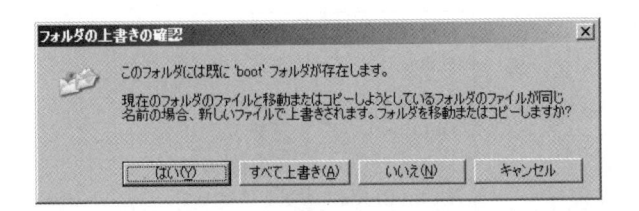

付 B.3

手順 8. の update.packages() では，パラメータ checkBuilt = TRUE がポイントである．これにより，パッケージを作成した R と，現在の R のバージョンを比較して，現在の R で作成されたパッケージに更新する．

付録 C

ヘルプの使い方

R で関数や組込みデータセットなどのヘルプを使うには，関数 `help()` あるいはその短縮形である？を用いる．例えば，ベクトルを作る関数 `c()` のヘルプを得るには次のようにする．

```
> help(c)
starting httpd help server ... done
```

R のコンソール上にメッセージが表示された後にブラウザが起動し，**付 C.1** の画面が表示される．書式は統一されており，主な項目は **表 C.1** のようになる．

名前	役割
Description	概要
Usage	書式
Arguments	パラメータ
Details	詳細
Value	戻り値
S4 methods	S4 メソッド
Note	補足
Source	出典
References	参考文献
See Also	関連トピック
Examples	利用例

表 C.1

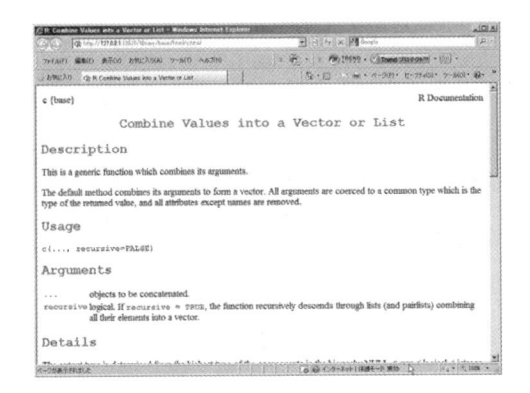

付 C.1

help() はパラメータに応じて表示結果を変えることができる．

```
> help(package = MASS)            ## MASS ライブラリのオブジェクト一覧
> help(boxcox, package = MASS)    ## MASS ライブラリの特定関数のヘルプ
```

関数に限るが，パラメータだけを調べたいときには関数 args() を用いると，ヘルプの Usage に相当する部分が表示される．

```
> args(c)
function (..., recursive = FALSE)
NULL
```

同じく関数に限るが，example() でヘルプの Examples に書かれたコードが実行できる．ただし，ヘルプの Examples セクションで ## Not run: と書かれているものは実行できない．

```
> example(c)
c> c(1,7:9)
[1] 1 7 8 9


(以下省略)
```

なお，本文中にこれまで出てきた if や for などの予約語や，(や [など
の特殊記号は，ダブルクォーテーションで囲まないとエラーになる．

```
> help(while)
 エラー：   予想外の ')' です  ( "help(while)" の)
> help("while")   ## これは大丈夫．?"while" でも可．
```

名前の一部分だけ分かるという場合には，関数 apropos() で検索できる．
パラメータはダブルクォーテーションで囲む必要がある．

```
> apropos("prop")   ## 名前の一部に prop を含むオブジェクトを調べる
[1] "apropos"
[2] "getProperties"
[3] "pairwise.prop.test"
[4] "power.prop.test"
[5] "prop.table"
[6] "prop.test"
[7] "prop.trend.test"
[8] "reconcilePropertiesAndPrototype"
```

関数 help.search() は，apropos() よりも検索範囲が広く，キーワード
を含むドキュメントを対象とする．

```
> help.search("prop")
```

とすると，検索結果が 付 C.2 のように別ウィンドウで表示される．

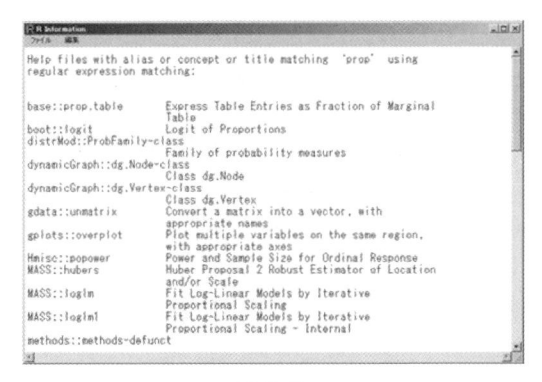

付 C.2

これらを集約したヘルプブラウザを呼び出す機能も用意されている．

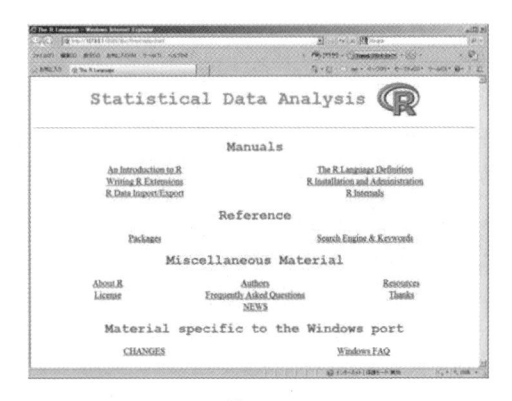

付 C.3

```
> help.start()
starting httpd help server ... 完了
もし何も起きなければ、自分で
'http://127.0.0.1:16005/doc/html/index.html'
を開いてください
```

関数 help.start() によりブラウザが起動し，各種マニュアルへのリンクと検索リンクが付 C.3 の通りに表示される．Refecence セクションの Packages と Seach Engine & Keywords のリンクが，これまで説明した機

能に対応する．

付 C.4

　ここまでの機能は，R をインストールした PC に閉じたものであるが，関数 `RSiteSearch()` により，インターネット経由で外部の検索エンジンにアクセスすることもできる．

　付 C.4 は Multidimentional というキーワードで次のように検索した結果である．表示が小さいが，関数やパッケージのヘルプだけでなく，過去のメーリングリストも検索対象にできる．

```
> RSiteSearch("Multidimentional")
検索問い合わせが以下に発行されました
http://search.r-project.org
結果ページはまもなくブラウザーで開かれるでしょう
```

以上の機能は，R のメニューバーの『ヘルプ』からも起動できる(**付 C.5 (a)**)．

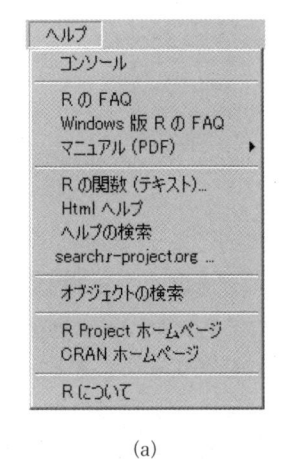

(a)

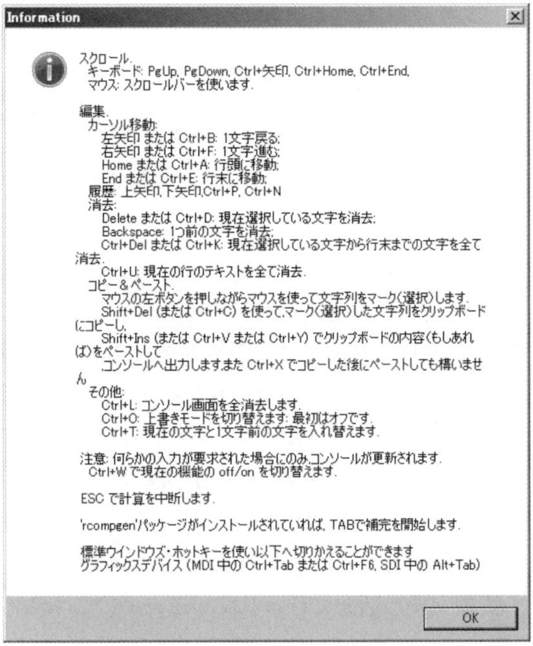

(b)

付 C.5

『ヘルプ』から『コンソール』を選択すると，**付 C.5 (b)** のようにコンソール自体の操作に関するヘルプが表示される．『R の FAQ』は，`help.start()` のヘルプブラウザ画面の中で，Manuals セクションの Frequently Asked Questions をクリックする場合と同一の結果となる．『Windows 版 R の FAQ』も，ヘルプブラウザの Material specific to the Window sport セクションの Windows FAQ と同じである．

『R の関数（テキスト）』を選択すると，キーワード入力画面が表示されるので，ここでは**付 C.6** のように `cmdscale` と入力して『OK』をクリックすると，コンソールから `help(cmdscale)` と入力した場合と同じ結果になる．関数 `cmdscale()` は，古典的多次元尺度法を計算する．

付 C.6

『html ヘルプ』は `help.start()` でヘルプブラウザを開くことと同じ動作である．『ヘルプの検索』を選択すると，『R の関数（テキスト）』と同様のキーワード入力画面が表示される．入力して『OK』をクリックすると，関数 `help.search()` と同じ動作を行う．『searchr-project.org』についてもキーワード入力画面が表示されるが，基本的には関数 `RSiteSearch()` と同じである．『オブジェクトの検索』もキーワード入力画面を伴い，関数 `apropos()` と同じ動作を行う．

残念ながら，ヘルプのほとんどは英語である．国内では RjpWiki [32] での情報交換が活発に行われているため，こちらも参考にして頂きたい．

付録 D

R コードのファイル保存

　コンソールからコマンドを入力して作業するのが R の基本的な使い方だが，長いコードになると，毎回入力するのが大変になる．そのような場合には，コードを別ファイルに書き出しておき，必要に応じて読み込んで実行する方が効率がよい．

　R にはエディタを呼び出す機能があるので，これを用いてコードを作成する．新しいファイルを作るには，R コンソールのメニューバーの『ファイル』から『新しいスクリプト』を選択する．これでメモ帳（notepad.exe）ベースのエディタが新規に開く．付 D.1 は，1.4.1.1 節で述べた，二項分布の確率関数と確率分布関数のグラフを描くコードを記述した状態である．

付 D.1

　この状態ではまだ保存されてないので，エディタのメニューバーの『ファイル』から『保存』あるいは『別名で保存』を選択すると，現在の作業フォルダ[1]

---

[1] 付録 A の通りに設定していれば C:\R

に対するダイアログが**付 D.2**のように表示される．ここではファイル名をbinom.R として『保存』をクリックする．

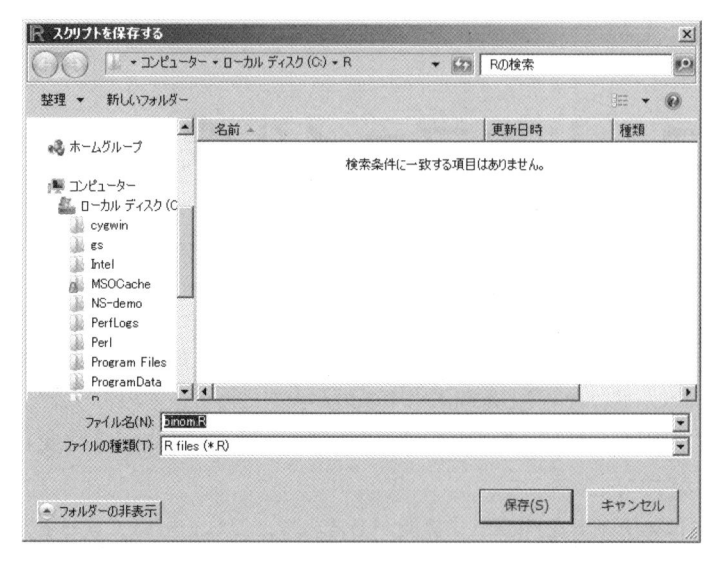

付 D.2

すると，エディタ画面タイトルバーのファイル名が『無題』から『C:\R\binom.R』に変わる（**付 D.3**）．

付 D.3

既に作成したファイルを開く場合は，R コンソールのメニューバーの『ファイル』から『スクリプトを開く』を選択する．この場合もファイルの保存

と同様のダイアログ（**付 D.2**）が表示されるので，必要なファイルを指定して『開く』をクリックする．

このエディタには，編集中のコードを実行させる機能がある．実行したい行（1行）にカーソルを合わせるか，実行させたい領域（複数行でも可）をマウスでドラッグして反転表示させた状態で，エディタのメニューバーの『編集』から『カーソル行または選択中の R コードを実行』を選択すると，該当部分が R コンソールに送られて実行される．この機能には，CTRL + R（CTRLキーを押したままRキーを押す）というショートカットが設定されており，そちらを使う方が便利であろう．コード全体を一度に実行したい場合は，CTRL + A でエディタ画面全体を反転した状態で CTRL + R とする．

エディタを開かない状態で，別ファイルに記述したRコードを実行するには，R コンソールのメニューバーの『ファイル』から『Rコードのソースを読み込み』を選択し，ダイアログから必要なファイルを指定する．実行したいファイルのアイコンを R コンソール画面にドラッグ＆ドロップしても同じ処理が行われる．どちらを行っても，R コンソールには

```
> source("C:\\R\\binom.R")
```

と表示される．つまり，コンソールからコマンドで操作するためには関数 *source()* を用いる．スラッシュを使って次のようにもできる．

```
> source("C:/R/binom.R")
```

ここでの内容と，**2.1.2** 節で述べた関数 *sink()* を組み合わせると，既存の関数を修正して再定義することもできる．コンソールから関数名だけを入力すると，R はその定義を表示する．例えば，次の例では関数 *curve()* の場合を示す．

```
> curve
function (expr, from = NULL, to = NULL, n = 101, add = FALSE,
    type = "l", ylab = NULL, log = NULL, xlim = NULL, ...)
{
```

```
    sexpr <- substitute(expr)
    … 途中省略 …
}
<environment: namespace:graphics>
```

これを *sink()* で別ファイルに書き出し，必要な修正を施して *source()* で読み込む．例に挙げた *curve()* なら，関数内部の修正の他に，*function* の前に *curve <-* を記述し，最後尾の行（*<environment: namespace:graphics>*）を削除する．

本書の作成に際して，筆者は以下の修正を行った．

- 関数 *twoord.plot()* が線種（*lty*）を変更できない（デフォルトでは線の色のみ変更可能）ことを修正（例：図 1.4 など）．
- 同じく *twoord.plot()* で，グラフの横軸の目盛りを表示しないように修正（図 3.8）．
- 関数 *legend()* で表示される凡例の中で，パラメータ *fill* で描画される方形領域の幅を，*lty* で描く線の幅とそろえるように修正（図 4.11 など）．
- 箱形図の内側を斜線で塗り潰せるように修正（図 4.13(b) など）．これは，箱形図を描く関数 *boxplot()* 自体ではなく，*boxplot()* の内部で呼び出される関数 *bxp()* を修正している．

同名の関数で再定義した後で，デフォルトの定義に戻したい場合は，関数 *rm()* を用い，再定義した関数オブジェクトを削除する．

メモ帳以外の高機能エディタと，R を連携させることも可能である．筆者は Meadow [38] を常用しており，そこから ESS [39]（Emacs Speaks Statistics）と呼ばれる Lisp プログラムを介して R を呼び出している．紙面の都合上，説明は省略するが，Meadow/ESS 以外のエディタに関する情報も含めて，詳細は RjpWiki [32] に掲載されている．

参考文献・URL

[1] 日本規格協会（編），JIS ハンドブック品質管理，日本規格協会，2008.
[2] R Development Core Team, "R: A language and environment for statistical computing," R Foundation for Statistical Computing, 2010.
[3] 市田嵩，保全性工学入門改訂，日科技連出版社，1979.
[4] 青木繁伸，R による統計解析，オーム社，2009.
    http://aoki2.si.gunma-u.ac.jp/R/index.html
[5] 舟尾暢男，R commander ハンドブック，オーム社，2008.
[6] J. Wettenhall, "R TclTk Examples," 2004.
    http://bioinf.wehi.edu.au/~wettenhall/RTclTkExamples/
[7] A. Bowman, E. Crawford, and R. Bowman, "rpanel: making graphs move with tcltk," R News, vol.6/4, pp.12–17, Oct. 2006.
    http://www.r-project.org/doc/Rnews/Rnews2006-4.pdf
[8] 市川昌弘，信頼性工学，裳華房，1987.
[9] 福井泰好，入門信頼性工学 確率・統計の信頼性への適用，森北出版，2006.
[10] 舟尾暢男，高浪洋平，データ解析環境「R」，工学社，2005.
[11] 舟尾暢男，The R Tips 第 2 版 データ解析環境 R の基本技・グラフィックス活用集，オーム社，2009.
[12] 間瀬 茂，R プログラミングマニュアル，数理工学社，2007.
[13] 熊谷悦生，舟尾暢男，R で学ぶデータマイニング I データ解析編，オーム社，2008.

[14] 熊谷悦生，舟尾暢男，R で学ぶデータマイニング II　シミュレーション編，オーム社，2008.

[15] P. Spector, R データ自由自在，シュプリンガー・ジャパン，2008.

[16] W.N. Venables and B.D. Ripley, S-PLUS による統計解析 第 2 版，シュプリンガー・ジャパン，2009.

[17] 間瀬　茂，"R 基本統計関数マニュアル，" 2009.
http://cran.md.tsukuba.ac.jp/doc/contrib/manuals-jp/Mase-Rstatman.pdf

[18] H.Sturges, "The choice of a class interval," Journalof the American Statistical Association, vol.21, pp.65–66, 1926.

[19] D.W. Scott, Multivariate density estimation: Theory, practice, and visualization, Wiley, 1992.

[20] 竹澤邦夫，みんなのためのノンパラメトリック回帰（上・下）第 3 版, 吉岡書店，2007.

[21] 船越裕介，松川達哉，"装置数の増減に対応した故障率推定法," 信学論（B），vol.J93-B, no.4, pp.681–692, April. 2010.

[22] 船越裕介，松川達哉，吉野秀明，後藤滋樹，" 通信ネットワークの保全度向上のための故障修理時間分布の特性分析," 信学論（B），vol.J92-B, no.7, pp.1153–1163, July. 2009.

[23] 金　明哲，R によるデータサイエンス，森北出版，2007.

[24] 船越裕介，松川達哉，" 通信ネットワークの故障影響規模の分布に関する検討," 信学総大，vol.2, no.B-7-73, p.217, March. 2009.

[25] 船越裕介，渡邉均，吉野秀明，" 故障規模を考慮したネットワーク不稼働率実態値の簡易推定法," 信学論（B），vol.J88-B, no.8, pp.1444–1453, Aug. 2005.

[26] 能條　哲，"罹障規模を考慮した信頼性同等性の評価," 信学論（A），vol.J64-A, no.1, pp.9–14, Jan. 1981.

[27] "電気通信事業法報告規則,"
http://law.e-gov.go.jp/htmldata/S63/S63F04001000046.html

[28] "電気通信事業法施工規則,"
http://law.e-gov.go.jp/htmldata/S60/S60F04001000025.html

[29] 通信ネットワークの品質設計，淺谷耕一（編），電子情報通信学会，1993.

[30] 船越裕介, 松川達哉, 渡邉 均, "通信ネットワーク故障による社会的影響度分析法," 信学論 (B), vol.J90-B, no.4, pp.370–381, April. 2007.

[31] R Development Core Team, "Writing R Extensions," version 2.12.0 edition, Oct. 2010.
http://cran.r-project.org/doc/manuals/R-exts.pdf

[32] "Rjpwiki". http://www.okada.jp.org/RWiki/

[33] 船越裕介, 松川達哉, 吉野秀明, 小松尚久, "社会的影響を考慮した通信ネットワークの信頼性分析管理法," 信学論 (B), vol.J91-B, no.2, pp.151–158, Feb. 2008.

[34] 船越裕介, 松川達哉, "実故障データに基づく通信ネットワークの不稼働率シミュレーション," 信学技報, vol.109, no.228, NS2009-83, pp.37–42, Oct. 2009.

[35] 船越裕介, 松川達哉, "実故障データに基づく通信ネットワークの不稼働率シミュレーション管理目標の導出とネットワーク設計への展開," 信学技報, vol.109, no.326, NS2009-130, pp.57–62, Dec. 2009.

[36] 船越裕介, 松川達哉, "実故障データに基づく通信ネットワークの不稼働率シミュレーション−影響規模と修復時間の相関の再現−," 信学技報, vol.109, no.398, NS2009-147, pp.29–34, Jan. 2010.

[37] J.W. Tukey, Exploratory data analysis, Addison-Wesley, 1977.

[38] "The Meadow Project". http://www.meadowy.org/meadow/

[39] "ESS — Emacs Speaks Statistics —". http://stat.ethz.ch/ESS/

R コマンド索引

か
グラフィックパラメータ
- add 22, 101
- col 22, 110
- log 109, 122
- lty 17, 68, 168
- lwd 22
- pch 17, 68
- type 25, 109
- xlab 25
- xlim 22
- ylab 25
- ylim 22

は
微分
- D() 77, 79, 87
- deriv() 77, 79
  - function.arg 77
- deriv3() 77

微分（用語） .... 用語索引 参照

平滑化回帰分析
- ksmooth() 78
- lowess() 78
- smooth.spline() 77, 88
  - df 76, 88
  - predict.smooth.spline() 78
- supsmu() 78

平滑化回帰分析（用語） ..... 用語索引 参照

A
- abline() 23
  - v 23
- add .... グラフィックパラメータ 参照
- AIC() 63, 72
- and .... sqlQuery() 参照
- apropos() 160
- args() 159
- as.character() .. character 型（クラス）参照
- as.chron() .... chron ライブラリ 参照
- as.double() .... double 型（クラス）参照
- as.integer() .. integer 型（クラス）参照
- ask .... update.packages() 参照
- aspect .... persp3d() 参照

- attr() 79
  - "gradient" 79
- axis() 23

B
- "BFGS" .... optim() 参照
- BIC() .... stats4 ライブラリ 参照
- binom（二項分布） 16
  - dbinom() 16
  - pbinom() 16
  - prob 17
  - qbinom() 16
  - rbinom() 16
  - size 16
- body() 77
- boxplot() 168
- breaks .... cut(), hist() 参照
- bw .... density() 参照
- bxp() 168
- by .... seq() 参照

C
- c() 158
- call() 77
- "CG" .... optim() 参照
- character 型（クラス） 48
  - as.character() 49
  - is.character() 48
- checkBuilt .... update.packages() 参照
- chron ライブラリ 51, 118
  - as.chron() 51
  - chron 型（クラス） 51, 83
    - dates 54
    - format 54
    - times 54
- class() 50
- cm.colors() 101
- cmdscale() 163
- coef() 70, 87
- col .... グラフィックパラメータ 参照
- collapse .... paste() 参照
- command .... tkscale() 参照
- contour() 101, 124
  - nlevels 101
- control .... nls(), optim() 参照

```
cumsum() .......................... 86, 110
curve() ................... 21, 27, 30, 79
    n ................................... 27
cut() ............................ 55, 86, 90
    breaks ............................ 90
        "days" ........................ 90
        "months" ...................... 90
cut.POSIXt() ........................ 56
```

D
```
D() ............................ 微分 参照
d() (メソッド関数) distr ライブラリ 参照
data ............... gnls(), nls() 参照
data.frame 型 (クラス) ............. 47
dates ........... chron 型 (クラス) 参照
"days" ..................... breaks 参照
dbinom() .................... binom 参照
degree ..................... poly() 参照
density() .................. 59, 62, 100
    bw .................................. 59
    from ............................... 101
    to ................................. 101
dependencies.install.packages() 参照
deriv() ..................... 微分 参照
deriv ................... predict() 参照
deriv3() ..................... 微分 参照
dexp() ........................ exp 参照
df .............. smooth.spline() 参照
distr ライブラリ ................. 65, 96
    d() (メソッド関数) .......... 66, 97
    Lnorm() ........................... 97
    Norm() ......................... 65, 97
    p() (メソッド関数) .......... 66, 98
    q() (メソッド関数) .............. 66
    r() (メソッド関数) .............. 66
    UnivarMixingDistribution() .... 65
dlnorm() .................... lnorm 参照
dnorm() ...................... norm 参照
double 型 (クラス) ............. 31, 48
    as.double() ..................... 31
    is.double() ..................... 48
dpois() ...................... pois 参照
dweibull() ............... weibull 参照
```

E
```
"e" .................... tkgrid() 参照
eval() ........................... 66, 80
example() ........................... 159
exp() ................................ 97
```

```
exp (指数分布) ...................... 21
    dexp() ............................ 21
    pexp() ............................ 21
    qexp() ............................ 21
    rate .............................. 21
    rexp() ............................ 21
expression() ........................ 77
```

F
```
factor 型 (クラス) ................. 48
    is.factor() ..................... 48
fill ..................... legend() 参照
fitdistr() ......... MASS ライブラリ 参照
fitted() ............................ 70
fnscale ................ optim() 参照
for ................................. 120
format .......... chron 型 (クラス) 参照
from .......... density(), sqlQuery(),
        tkscale() 参照
function ............................ 77
function.arg ........... deriv() 参照
```

G
```
gamma() ............................. 28
getAnywhere() ....................... 78
gnls() ............. nlme ライブラリ 参照
"gradient" ................ attr() 参照
gsub() .............................. 87
```

H
```
heat.colors() ...................... 101
height ............. win.graph() 参照
help() ............................. 158
help.search() ...................... 160
help.start() ....................... 161
hist() .............................. 61
    breaks ........................... 61
```

I
```
if() ................................ 49
ifelse() ............................ 49
image() ............................ 101
inset .................... legend() 参照
install.packages() ................. 153
    dependencies ................... 153
integer 型 (クラス) ................ 48
    as.integer() .................... 48
    is.integer() .................... 48
integrate() ......................... 88
```

```
is.character() .. character 型 (クラス)
        参照
is.double() .... double 型 (クラス) 参照
is.factor() .... factor 型 (クラス) 参照
is.finite() ........................ 87
is.integer() .. integer 型 (クラス) 参照
```

K
```
k ................. normalmixEM() 参照
kde2d() ........... MASS ライブラリ 参照
ksmooth() .......... 平滑化回帰分析 参照
```

L
```
"L-BFGS-B" ............... optim() 参照
lambda ...... normalmixEM(), pois 参照
legend() ................... 17, 68, 168
    fill ..................... 110, 168
    inset ........................... 17
    "right" ......................... 17
length .................... seq() 参照
library() .................... 17, 154
line .................... mtext() 参照
lines() ................ 25, 30, 37, 79
list 型 (クラス) ................... 64
lm() ........................ 68, 74, 86
Lnorm() .......... distr ライブラリ 参照
lnorm (対数正規分布) ............... 26
    dlnorm() ........................ 26
    meanlog ......................... 27
    plnorm() ........................ 26
    qlnorm() ........................ 26
    rlnorm() ........................ 26
    sdlog ........................... 27
log() .............................. 60
log ......... グラフィックパラメータ 参照
logLik() ........................... 72
lower.tail (下側確率を求めるパラメータ)
        22, 41, 98
lowess() .......... 平滑化回帰分析 参照
lty ......... グラフィックパラメータ 参照
lwd ......... グラフィックパラメータ 参照
```

M
```
mar ........................ par() 参照
MASS ライブラリ .......... 61, 63, 124
    fitdistr() ...................... 63
    kde2d() ........................ 124
    truehist() ...................... 61
max ...................... runif() 参照
```

```
mclust ライブラリ .................. 94
mean() ............................. 5
mean ..................... norm 参照
meanlog .................. lnorm 参照
method .................. optim() 参照
methods() .......................... 78
min ..................... runif() 参照
mixtools ライブラリ ................ 94
    normalmixEM() .................. 94
    k .............................. 94
    lambda ......................... 94
    mu ............................. 94
    sigma .......................... 94
"months" ................. breaks 参照
mtext() ............................ 23
    line ........................... 23
    side ........................... 23
mu ............... normalmixEM() 参照
```

N
```
"n" .................... tkgrid() 参照
n ...................... curve() 参照
NA (欠損値) ................... 68, 83
na.omit() .......................... 83
"Nelder-Mead" ........... optim() 参照
nlevels ................ contour() 参照
nlme ライブラリ ................... 121
    gnls() ......................... 121
    data ......................... 122
    start ......................... 122
    weight ........................ 121
    varPower() .................... 122
nls() ................. 71, 122, 128
    control ........................ 71
    data ......................... 122
    start .......................... 71
Norm() .......... distr ライブラリ 参照
norm (正規分布) .................... 23
    dnorm() ........................ 23
    mean ........................... 25
    pnorm() ........................ 25
    qnorm() ........................ 25
    rnorm() ........................ 23
    sd ............................. 25
normalmixEM() .mixtools ライブラリ 参照
nrow() ............................ 110
```

O
```
odbcClose() ...... RODBC ライブラリ 参照
odbcConnectExcel() ... RODBC ライブラリ
```

参照
odbcConnectExcel2007().RODBC ライブラリ 参照
optim() 59, 63
   control 60
   fnscale 60
   method 60
      "BFGS" 60
      "CG" 60
      "L-BFGS-B" 60
      "Nelder-Mead" 60
      "SANN" 60
orient .... tkscale() 参照

P

p()（メソッド関数）distr ライブラリ 参照
par() 22
   mar 22
parse() 66, 80
   text 66
paste() 66, 87
   collapse 66, 87
   sep 66, 87
pbinom() .... binom 参照
pch .... グラフィックパラメータ 参照
persp3d .... rgl ライブラリ 参照
pexp() .... exp 参照
plnorm() .... lnorm 参照
plot() 25, 30, 55
plotrix ライブラリ 17, 98
   twoord.plot() ... 17, 22, 30, 98, 168
pnorm() .... norm 参照
points() 37
pois（ポアソン分布） 19
   dpois() 19
   lambda 19
   ppois() 19
   qpois() 19
   rpois() 19
poly() 74
   degree 74
   raw 74
POSIXct 型（クラス） 51
POSIXlt 型（クラス） 51
ppois() .... pois 参照
predict() 70, 78, 89
   deriv（平滑化スプライン専用）78, 89
predict.smooth.spline()
      smooth.spline() 参照
prob .... binom 参照
pweibull() .... weibull 参照

Q

q()（R を終了する） 152
q()（メソッド関数）distr ライブラリ 参照
qbinom() .... binom 参照
qexp() .... exp 参照
qlnorm() .... lnorm 参照
qnorm() .... norm 参照
qpois() .... pois 参照
quit() 152
qweibull() .... weibull 参照

R

r()（メソッド関数）distr ライブラリ 参照
rate .... exp 参照
raw .... poly() 参照
rbinom() .... binom 参照
Rcmd BATCH（コマンド名） 52
Rcmdr ライブラリ 30
rect() 110
rep() 110
resolution .... tkscale() 参照
return() 61
rexp() .... exp 参照
rgl ライブラリ 102
   persp3d() 102
      aspect 103
"right" .... legend() 参照
rlnorm() .... lnorm 参照
rm() 168
rnorm() .... norm 参照
RODBC ライブラリ 46, 82, 108, 118
   odbcClose() 47
   odbcConnectExcel() 46
   odbcConnectExcel2007() 46
   sqlQuery() 46, 49, 108
      and 47
      from 47
      select 47
      where 47, 108
root .... uniroot() 参照
rp.control() .... rpanel ライブラリ 参照
rp.slider() ..... rpanel ライブラリ 参照
rpanel ライブラリ 35
   rp.control() 35
   rp.slider() 35, 37
      resolution 37

```
rpois() ..................... pois 参照
Rscript (コマンド名) ................ 52
RSiteSearch() ..................... 162
runif() ........................ 71, 73
    max ........................... 71
    min ........................... 71
rweibull() .............. weibull 参照
```

S

```
"s" ..................... tkgrid() 参照
"SANN" .................. optim() 参照
sapply() ........................... 87
scale ................... weibull 参照
sd .......................... norm 参照
sdlog ...................... lnorm 参照
segments() ......................... 68
select ............... sqlQuery() 参照
sep ....................... paste 参照
seq() .......................... 55, 98
    by .............................. 55
    length .......................... 55
set.seed() ......................... 61
shape ................... weibull 参照
showvalue .............. tkscale() 参照
side ..................... mtext() 参照
sigma ............. normalmixEM() 参照
sink() ......................... 52, 168
size ..................... binom 参照
smooth.spline() .... 平滑化回帰分析 参照
source() ..................... 167, 168
sqlQuery() ........ RODBC ライブラリ 参照
start .............. gnls(), nls() 参照
stats4 ライブラリ ................ 63, 72
    BIC() ................... 63, 72, 87
sticky ................. tkgrid() 参照
subset() ................ 49, 84, 92, 100
sum() ......................... 60, 110
summary() .................... 55, 69, 72
supsmu() ........... 平滑化回帰分析 参照
Sys.timezone() ..................... 53
```

T

```
table() .................... 55, 86, 90
tcltk ライブラリ ..................... 30
    tclVar() ....................... 31
    tkgrid() .................... 31, 33
        "e" ........................ 33
        "n" ........................ 33
        "s" ........................ 33
```

```
        sticky ..................... 33
        "w" ........................ 33
    tkscale() ................... 31, 35
        command .................... 32
        from ....................... 32
        orient ..................... 32
        resolution ................. 32
        showvalue .................. 32
        to ......................... 32
    tktoplevel() ................... 31
tclVar() .......... tcltk ライブラリ 参照
text .............. parse() 参照
times ............ chron 型 (クラス) 参照
times 型 (クラス) ................... 54
tkgrid() .......... tcltk ライブラリ 参照
tkscale() ......... tcltk ライブラリ 参照
tktoplevel() ...... tcltk ライブラリ 参照
to ......... density(), tkscale() 参照
transform() ...................... 108
truehist() ......... MASS ライブラリ 参照
twoord.plot() .. plotrix ライブラリ 参照
type ......... グラフィックパラメータ 参照
typeof() .......................... 50
```

U

```
uniroot() ......................... 64
    root .......................... 64
UnivarMixingDistribution() distr ライ
    ブラリ 参照
update.packages() ................ 153
    ask ..................... 153, 157
    checkBuilt ................... 157
```

V

```
v ..................... abline() 参照
var() ............................... 5
varPower() ......... nlme ライブラリ 参照
```

W

```
"w" ..................... tkgrid() 参照
weibull (ワイブル分布) .............. 28
    dweibull() .................... 28
    pweibull() ................. 28, 41
    qweibull() .................... 28
    rweibull() .................... 28
    scale ..................... 28, 33
    shape ..................... 28, 33
weight .................... gnls() 参照
where ................. sqlQuery() 参照
```

```
which.min()........................87
win.graph()......................101
    height....................... 101
    width........................101
```

X
```
xlab........グラフィックパラメータ 参照
xlim........グラフィックパラメータ 参照
```

Y
```
ylab........グラフィックパラメータ 参照
ylim........グラフィックパラメータ 参照
```

記号／数字
```
& (ベクトル化された論理積) ......... 49
&& (スカラーの論理積) .............. 49
... (省略仮引数) ............... 17, 31
: (数列を生成する) ................... 5
:: (ライブラリ変数/関数へのアクセス演算
    子) ....................... 72
? .......................... help() 参照
| (ベクトル化された論理和) ..........49
|| (スカラーの論理和) .............. 49
```

用語索引

あ

- 赤池の情報量基準 ... 63
- アップ時間 ... 14
- アベイラビリティ ... 13, 81, 105
  - 運用アベイラビリティ ... 14
  - 固有アベイラビリティ ... 14
  - 瞬間アベイラビリティ ... 13
  - 漸近アベイラビリティ ... 14
  - 定常アベイラビリティ ... 14
  - 平均アベイラビリティ ... 14
- アンアベイラビリティ ... 13
- 一様乱数 ... 71, 73, 92, 127, 132
- 一般化クロスバリデーション基準 平滑化スプライン 参照
- 因子型（クラス） ... 48
- ウィジェット ... 32
- 上側確率 ... 4
- 運用アベイラビリティ ... アベイラビリティ 参照
- 影響規模 ... 82
- 凹凸ペナルティ ... 平滑化スプライン 参照
- 重み ... 117, 127
  - 重み付き影響規模 .. 117, 121, 124, 127
  - 重み付き規模別不稼働率 . 125, 127, 131
  - 重み付き修復時間 ... 117, 125
  - 重み付き申告件数 ... 117, 121

か

- カーネル密度推定 ... 58
  - カーネル関数 ... 58
  - カーネル密度 ... 58, 93, 99
  - バンド幅 ... 58
- 回帰分析 ... 67
  - 重回帰分析 ... 67
  - 説明変数 ... 67
  - 線形回帰分析 ... 67
    - 決定係数 ... 69, 74
    - 自由度調整済み決定係数 ... 69, 74
  - 単回帰分析 ... 67
  - 被説明変数 ... 67
  - 非線形回帰分析 ... 67, 70
  - 目的変数 ... 67
- 核関数による平滑化 .. 平滑化回帰分析 参照
- 確率 ... 3
- 確率関数 ... 4
- 確率紙 ... 30
  - 正規確率紙 ... 30
  - 対数正規確率紙 ... 30
  - ワイブル確率紙 ... 30
- 確率質量関数 ... 4
- 確率分布 ... 3
- 確率分布関数 ... 3, 97
- 確率変数 ... 3
- 確率密度関数 ... 3, 58
- 可動率 ... 13
- 稼働率 ... 13, 105
- 可用性 ... 13
- 関数 ... 77
- ガンマ関数 ... 28
- 期待値 ... 5, 114
- 規模別不稼働率 ... 106, 113
- 規模別不稼働率管理目標値 ... 125, 131
- 規模別不稼働率目標値 ... 112, 124
- 共役勾配法 ... 数値解析 参照
- 協定世界時 ... 51
- 偶発故障期間 ... 10, 20, 28
- クォンタイル ... 15
- クラス（型） ... 31
- 欠損値 ... 68, 83
- 決定係数 ... 線形回帰分析 参照
- 故障 ... 1
- 故障間動作時間 ... 9, 42
- 故障強度 ... 9
- 故障寿命 ... 6, 20
- 故障率 ... 7, 38, 42, 81, 84, 113
- 故障率関数 ... 7, 88
- 固有アベイラビリティ ... アベイラビリティ 参照
- 呼量 ... 117

さ

- 最小二乗法 ... 68
- 最尤法 ... 57, 59, 93
  - 最尤推定量 ... 57
  - 対数尤度 ... 57, 63, 72, 94
  - 尤度 ... 57
  - 尤度関数 ... 57
- 残差 ... 68
- 散布図平滑化 ... 平滑化回帰分析 参照
- サンプル ... 3
- 試行 ... 3

用語索引

事後保全	11
事象	3
指数分布	20, 42
下側確率	4
社会的迷惑量	112, 124
重回帰分析	回帰分析 参照
自由度調整済決定係数	線形回帰分析 参照
修復	2
修復時間	11, 92, 114
修復率	12, 81, 92, 96
修理	2
修理系	2, 81
寿命試験	9, 42
瞬間アベイラビリティ	アベイラビリティ 参照
瞬間故障率	8
準ニュートン法	数値解析 参照
省略仮引数	17, 31
初期故障期間	9, 28
信頼性	1, 81
信頼性工学	1
信頼度	1, 6, 81
信頼度関数	6
数値解析	60
Nelder-Mead 法	60
共役勾配法	60
方形制約法	60
準ニュートン法	60
焼きなまし法	60
数値積分	積分 参照
数値微分	微分 参照
スーパースムーザ法	平滑化回帰分析 参照
正規確率紙	確率紙 参照
正規分布	23, 39, 104
標準正規分布	23, 58
整数型（クラス）	48
積分	4
数値積分	88
畳込み積分	9
説明変数	回帰分析 参照
漸近アベイラビリティ	アベイラビリティ 参照
線形回帰分析	回帰分析 参照
相関係数	69
総称関数	55
総保有コスト	145

た

対数正規分布	26, 40
対数正規確率紙	確率紙 参照
代数微分	微分 参照
対数尤度	最尤法 参照
ダウン時間	14
畳込み積分	積分 参照
単回帰分析	回帰分析 参照
中央値	15
抽出	3
中心極限定理	23
中途打切り方式	9, 42
定時打切り	9
定常アベイラビリティ	アベイラビリティ 参照
定数打切り	9
データフレーム型（クラス）	46, 82
等価自由度	平滑化スプライン 参照
独立	3
独立試行	3
独立事象	3

な

二項分布	15
日本標準時	52
ノンパラメトリック	56, 71, 85

は

倍精度実数型（クラス）	31
ハザードレート関数	7
バスタブ曲線	9
外れ値	40
パラメトリック	56, 70, 85
バンド幅	カーネル密度推定 参照
非修理系	2
ヒストグラム	40, 93, 96
被説明変数	回帰分析 参照
非線形回帰分析	回帰分析 参照
日付型（クラス）	51
微分	77
数値微分	77
代数微分	77
微分（R コマンド）	R コマンド索引 参照
表現式	52, 77
標準正規分布	正規分布 参照
標準偏差	4
標本	3
標本分散	4, 58
標本平均	5, 58
フォールト	1

用語索引

不稼働率 13, 105, 113
不信頼度関数 6
付値 47
不偏分散 4
分位数 .... クォンタイル 参照
分散 4
平滑化回帰分析 71
    核関数による平滑化 78
    散布図平滑化 78
    スーパスムーザー法 78
    平滑化スプライン 70, 75, 85, 88
        GCV 76
        一般化クロスバリデーション基準 .. 76
        凹凸ペナルティ 76
        等価自由度 76, 89
        平滑化パラメータ 76
平滑化回帰分析（R コマンド）R コマンド索引 参照
平滑化スプライン ..... 平滑化回帰分析 参照
平滑化パラメータ ... 平滑化スプライン 参照
平均 4, 39
平均アップ時間 14
平均アベイラビリティ .... アベイラビリティ 参照
平均故障間動作時間 9
平均故障寿命 9
平均故障率 8, 39, 81, 84, 88, 132
平均修復時間 13
平均修復率 12
平均ダウン時間 14
ベイズ情報量基準 63
偏差 4
ポアソン分布 19, 104
方形制約法 .... 数値解析 参照
母集団 3
母数 5
保全 2
保全時間 11
保全性 81
保全度 1, 11, 81, 92, 96
保全度関数 11

ま

磨耗故障期間 10, 28
メソッド関数 55, 66, 78, 97
メソッド選択適用 55
モーメント 5
目的変数 .... 回帰分析 参照

文字型（クラス） 48
モデル式 68, 71

や

焼きなまし法 .... 数値解析 参照
尤度 .... 最尤法 参照
尤度関数 .... 最尤法 参照
呼出し 77
予防保全 11

ら

離散型分布 3
離散型変数 3
リスト型（クラス） 64
累積分布関数 3
連続型変数 3
連続型分布 3

わ

ワイブル確率紙 .... 確率紙 参照
ワイブル分布 28

A

AIC 63, 72, 122

B

BIC 63, 72, 95

C

CFR 10

D

DFR 10

E

EM アルゴリズム 94

G

GCV .... 平滑化スプライン 参照

I

IFR 10

J

JST 52

M

MDT 14

MTBF 9, 39, 42, 113
MTTF 9
MTTR 13, 39, 113
MUT 14

N
Nelder-Mead 法 .... 数値解析 参照

R
Rconsole（設定ファイル） 151
Rdevga（設定ファイル） 151
Rprofile.site（設定ファイル） 151

S
SLA 105
SQL 46

T
Tcl/Tk 30
TCO 145

U
UTC 51

記号／数字
.Rdata（作業データファイル） 153

著者略歴

船越　裕介（ふなこし　ひろゆき）

平8広島大・総合科学・総合科学卒．平10同大学院博士課程前期了．同年日本電信電話(株)入社．以来，IPネットワークの高信頼化方式，信頼性設計及び管理技術の研究に従事．第64回（平19年度）電子情報通信学会論文賞，第26回（平22年度）電気通信普及財団賞テレコムシステム技術賞等受賞．現在，NTTサービスインテグレーション基盤研究所主任研究員．博士（工学）（平20早大）．

実践　通信ネットワークの信頼性評価技術
── 基礎からRを用いたプログラミングまで ──

Reliability Evaluation Techniques for Telecommunication Networks Using R

平成23年8月10日　初版第1刷発行	編　　者	(社) 電子情報通信学会
	発行者	木　暮　賢　司
	印刷者	東　村　友　次
	印刷所	東銀座印刷出版株式会社
	〒171-0033	東京都豊島区高田3-5-20

© 社団法人　電子情報通信学会　2011

発行所　社団法人　電子情報通信学会
〒105-0011　東京都港区芝公園3丁目5番8号　機械振興会館内
電話 03-3433-6691(代)　振替口座 00120-0-35300
ホームページ http://www.ieice.org/

取次販売所　株式会社　コロナ社
〒112-0011　東京都文京区千石4丁目46番10号
電話 03-3941-3131(代)　振替口座 00140-8-14844
ホームページ http://www.coronasha.co.jp

ISBN 978-4-88552-254-3 C3055　　　　　　　　　　　　Printed in Japan

無断複写・転載を禁ずる